工业和信息化精品系列教材

人工智能技术

机器学习
Python实战

张松慧 陈丹 ◉ 主编

吴慧婷 张良均 ◉ 副主编

PYTHON PRACTICE OF
MACHINE LEARNING

人民邮电出版社

北 京

图书在版编目（CIP）数据

机器学习Python实战 / 张松慧，陈丹主编. -- 北京：
人民邮电出版社，2022.9
　　工业和信息化精品系列教材. 人工智能技术
　　ISBN 978-7-115-59401-3

　　Ⅰ. ①机… Ⅱ. ①张… ②陈… Ⅲ. ①机器学习—教
材 Ⅳ. ①TP181

中国版本图书馆CIP数据核字(2022)第097234号

内 容 提 要

　　本书使用 Python 的机器学习算法库 scikit-learn 讲解机器学习重要算法的应用，内容包括机器学习认知、数据预处理、KNN 算法、线性回归算法、逻辑回归算法、朴素贝叶斯算法、决策树与随机森林算法、支持向量机、k-means 算法、神经网络、模型评估与优化。

　　本书使用通俗易懂的语言、丰富的图表和大量的案例对机器学习的重要算法进行讲解，提供一条从实践出发掌握机器学习知识的途径，读者即使没有很扎实的数学基础也可快速入门，大大降低了学习门槛。本书是项目驱动式教材，算法原理讲解深入浅出，实践案例典型，配套课件、实战案例、习题等课程资源丰富。

　　本书可作为高等院校人工智能、大数据等相关专业的教材，也可供人工智能领域的技术人员或研究人员学习或参考。

◆ 主　　编　张松慧　陈　丹
　　副 主 编　吴慧婷　张良均
　　责任编辑　鹿　征
　　责任印制　王　郁　焦志炜

◆ 人民邮电出版社出版发行　　　北京市丰台区成寿寺路 11 号
　　邮编　100164　电子邮件　315@ptpress.com.cn
　　网址　https://www.ptpress.com.cn
　　三河市君旺印务有限公司印刷

◆ 开本：787×1092　1/16
　　印张：11.25　　　　　　　　　2022 年 9 月第 1 版
　　字数：249 千字　　　　　　　2022 年 9 月河北第 1 次印刷

定价：49.80 元

读者服务热线：(010)81055256　印装质量热线：(010)81055316
反盗版热线：(010)81055315
广告经营许可证：京东市监广登字 20170147 号

前　言

　　人工智能的迅速发展正在深刻改变人类社会生活，改变世界。为抢抓人工智能发展的重大战略机遇，构筑我国人工智能发展的优势，加快建设创新型国家和世界科技强国，国务院于 2017 年 7 月印发《新一代人工智能发展规划》。新一代人工智能落地和产业发展持续提速，对人工智能等相关专业人才的需求也急剧增长。机器学习是人工智能中最具智能特征、最前沿的研究领域之一，是使计算机具有"智能"的根本途径。机器学习所涉及的数学理论源于实践，要熟练掌握并非只有从理论角度出发这一条学习途径，本书提供了一条从实践出发掌握机器学习知识的途径，让读者更容易上手，大大降低了人工智能学习的门槛。

　　本书突破传统教材的内容体系，尝试进行以"立德树人"思维为引导的项目化教学，以项目驱动与项目拓展相结合的方式编写。本书以机器学习的重要算法为主线，以解决实际应用场景中的问题为载体，使读者掌握机器学习的基本流程及应用实践技巧，建立严谨的数据分析思维，学会分析问题、解决问题，养成规范的编码习惯，形成精益求精的科学实践精神和敢于尝试的创新精神。

　　本书特色如下。

- **项目驱动、实战性强。**本书立足真实应用场景，按照机器学习的典型职业活动来组织内容，通过大量的项目任务，使读者能快速理解算法的基本原理，并将其应用在项目中。书中项目由项目知识准备、项目实训和项目拓展等模块组成，帮助读者建立利用科学方法分析问题、解决问题的创新思维，从而实现真正的价值。
- **图解教学、深入浅出。**本书配图丰富，读者能够通过图文直观地了解各算法的原理和流程，即使没有很扎实的数学基础也能够轻松学习机器学习算法与应用。

　　本书提供配套的电子课件、源代码和案例数据集，读者可在人邮教育社区（https://www.ryjiaoyu.com）网站注册、登录后下载。

　　本书由武汉软件工程职业学院的张松慧、陈丹担任主编，由吴慧婷和泰迪科技有限公司的张良均担任副主编，何水艳、尹江山、李志刚、陈娜、梁晓娅、王寒芳参与编写，张松慧审核全文。

　　由于编者水平有限，书中难免存在欠妥之处，因此，编者由衷地希望广大的读者朋友和专家学者能够提出宝贵的修改建议。

编者

2022 年 5 月

目　录

项目 10

神经网络 ································· 156

项目 11

模型评估与优化 ················· 165

项目1
机器学习认知

项目背景

　　人类智能中最重要、最显著的能力是学习能力。机器能像人类一样具备学习能力吗？如果能，那么机器将如何做到呢？

　　机器学习（machine learning，ML）被认为是实现人工智能的一种有效手段。目前使用机器学习比较突出的领域很多，例如，计算机视觉、自然语言处理、推荐系统等。机器学习是人工智能的核心，是使计算机具有"智能"的根本途径，在很多时候，它几乎成为人工智能的代名词。本章将从如何让机器具有学习能力的角度介绍机器学习相关知识。

学习目标

知识目标	1. 掌握机器学习的流程 2. 掌握机器学习的分类 3. 理解过拟合和欠拟合 4. 了解衡量机器学习模型的指标
能力目标	1. 能够熟练搭建机器学习开发环境 2. 能够熟练使用 Jupyter Notebook 编写、运行简单代码
素质目标	1. 理解机器学习的应用场景 2. 养成规范的编码习惯

1.1 项目知识准备

1.1.1 什么是机器学习

1. 机器学习的概念

　　我在淘宝网上搜索"跳绳"，准备选购一款跳绳进行身体锻炼。当我再次打开淘宝网站时，淘宝首页就展示了很多不同款式的跳绳和跳绳运动视频，方便我进行选购。

　　最近，我在爱奇艺网站又看了一遍电影《唐人街探案》，这部电影既搞笑又紧张刺激。爱奇艺网站又向我推荐了《唐人街探案 2》《一路顺疯》《心花路放》《人在囧途》等爆笑喜剧，还真符合我的喜好。

这些推荐系统背后的"秘密武器"正是机器学习。

机器学习有点像人类的学习思考过程，下面我们通过一个简单的例子来说明到底什么是机器学习。

柚子是深受大家喜爱的一种水果，它不仅含有丰富的维生素及其他微量元素，而且味道酸甜可口。如果我们去买柚子，怎样才能挑选到口感比较好的柚子呢？我们都知道，柚子的形状有点像梨形，我们一般会选择长得比较匀称的柚子，上面的"尖"不要太长，因为"尖"部内大都是无果肉的。这样我们就有了一个简单的选择柚子的标准：挑选长得比较匀称的。

如果用计算机程序来挑选柚子，可以写下这样的规则：

```
if(形状匀称)
    柚子口感好
else
    柚子口感差
```

我们用这个规则来挑选柚子后，发现买回的柚子中有些还是不好吃。经过反复尝试各种不同类型的柚子，我们又发现：对于个头、形状基本相同的两个柚子，就要掂一掂它们的分量，分量重说明其汁水比较丰富。那么我们再购买柚子的时候，可以使用修改后的规则：

```
if(形状匀称 and 分量重)
    柚子口感好
else
    柚子口感差
```

随着购买更多的柚子，我们的经验也越来越丰富，在购买时发现，用手指用力按一按表皮，如果感觉很硬，似乎有阻力，说明皮薄肉实，果肉饱满，反之，一按就是一个坑的，多半是个"厚脸皮"；柚子外皮发黄的，基本是成熟的，发青发绿的是还没有完全成熟的……

我们发现这个计算机算法有个缺点，就是我们得搞清楚影响柚子口感的所有因素。随着研究的因素越来越多，我们需要针对越来越多的柚子类型建立规则，手动地制定挑选规则变得越来越困难，规则也很可能会变得越来越复杂，不便于维护。

那该如何解决这个问题呢？机器学习算法可以实现。机器学习算法是从普通算法演化而来的，它通过从提供的数据中自动地学习，把我们的程序变得更"聪明"。

我们从市场上随机购买（在机器学习中称为抽取）一定量的柚子样品（在机器学习中称为训练数据），制作一张表格，记录每个柚子的物理属性，如形状、重量、颜色、产地等（柚子的这些属性称为特征），再记录下这个柚子口感如何（称为标签）。

我们把这些训练数据提供给一个机器学习算法，它就会训练出一个关于柚子的特征和它口感是否好之间的关系的模型。下次我们购买柚子时，将这个新的柚子数据（测试数据）输入这个训练好的模型，模型就会直接输出这个柚子的口感是好还是差。也就是说，有了这个模型，我们现在根本不用再考虑那些挑选柚子的标准，只要把柚子的物理属性输入这个模型，就能够知道这个柚子的口感好不好。

而且，我们还能让这个模型随着时间的推移越变越好（进行增强学习），在这个模型学习更多的训练数据后，它就会更加准确，并在做了错误的预测后进行自我修正。最让人兴奋的是，我们可以用同样的机器学习算法去训练不同的模型，比如训练预测西瓜、梨子口感的模型。这是传统计算机程序做不到的，也正是机器学习的优势所在。

简单来说，机器学习（machine learning，ML）就是通过算法，使得机器能从大量历史数据中学习规律，并利用规律对新的样本做智能识别或对未来做预测，如图 1-1 所示。

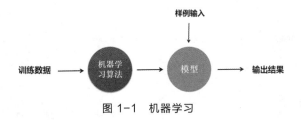

图 1-1　机器学习

机器学习会使用大量的数据来"训练"，通过各种算法从数据中学习如何完成任务。这种学习方式利用的是现代计算机的处理能力，可以轻松地处理大型数据集。

机器学习研究的是计算机怎样模拟或实现人类的学习行为，以获取新的知识或技能，重新组织已有的知识，使之不断改善自身的性能。

机器学习是仿人的一套归纳过程。人类在成长、生活过程中积累了很多经验，通过对这些经验进行"归纳"，掌握了一些生活"规律"。当人类遇到未知的问题或需要对未来进行"预测"时，就会使用这些"规律"指导自己的生活和工作。机器学习过程与人类对经验的归纳过程的对比如图 1-2 所示。

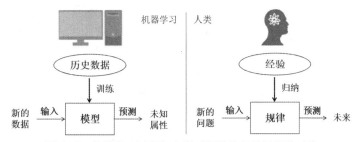

图 1-2　机器学习过程与人类对经验的归纳过程的对比

机器学习中的"训练"与"预测"过程可以对应到人类的"归纳"与"预测"过程。通过这样的对应，我们可以发现机器学习是对人类在生活中学习、成长的一个模拟。但机器学习不是基于编程形成结果，而是通过归纳得出相关性结论。

可见，机器学习和传统编程的区别如下。

- 传统编程：软件工程师编写程序来解决问题。要求首先给出问题的解决方案，然后用代码告诉计算机如何去按照方案和步骤解决问题。
- 机器学习：数据科学家使用训练数据来教计算机应该怎么做，然后系统执行相应任务。只给出相应问题的相关数据，让计算机自己学习这些数据，最后找出问题的解决方案。

2. 机器学习、深度学习和人工智能之间的关系

学习机器学习，首先要厘清机器学习、深度学习和人工智能之间的关系。

基本上，机器学习是人工智能的一个子集，深度学习则是机器学习的一个分支。把三者的关系用图大致来表示如图 1-3 所示。

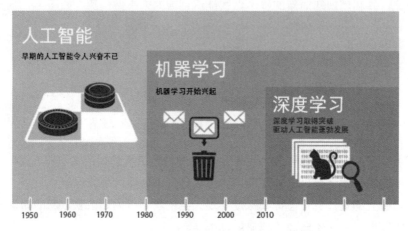

图 1-3　人工智能、机器学习和深度学习的关系

人工智能（artificial intelligence，AI）是研究、开发用于模拟、延伸和扩展人的智能的理论、方法、技术及应用系统的一门新的技术科学。当一台机器能根据一组预先定义的解决问题的规则来完成任务时，这种行为就被称为人工智能。

深度学习（deep learning，DL）是机器学习领域中一个新的研究方向，它被引入机器学习使其更接近于最初的目标——人工智能。深度学习的概念源于人工神经网络（简称神经网络）的研究，含多个隐藏层的多层感知器就是一种深度学习结构。深度学习利用神经网络来增强对复杂任务的表达能力，通过神经网络让机器自动寻找特征提取方法。深度学习是一种复杂的机器学习算法，在语音和图像识别方面取得的效果，远远超过先前的相关技术，它的最终目标是让机器能够像人一样具有分析学习能力，能够识别文字、图像和声音等数据。

1.1.2　机器学习的应用场景

机器学习最成功的应用领域涉及数据分析与挖掘、模式识别、计算机视觉、图像处理等，此外还被广泛应用于自然语言处理、生物特征识别、搜索引擎、医学诊断、检测信用卡欺诈、证券市场分析、语音识别、手写字识别和机器人等领域。

1. 数据分析与挖掘

数据挖掘和数据分析通常被相提并论，并在许多场合被认为可以相互替代。无论是数据挖掘还是数据分析，都是帮助人们收集、分析数据，使之成为信息，并做出判断，因此可以将这两项合称为数据分析与挖掘。

数据分析与挖掘技术是机器学习算法和数据存取技术的结合，即利用机器学习提供的统计分析、知识发现等手段分析海量数据。

2．计算机视觉

计算机视觉的主要技术基础是图像处理和机器学习。图像处理技术用于将图像处理为适合进入机器学习模型的输入数据，机器学习则负责从图像中识别出相关的模式。

手写字识别、车牌识别、人脸识别、目标检测与追踪、图像滤波与增强等都是计算机视觉的应用场景。

3．自然语言处理

自然语言处理是让机器理解人类语言的一门技术。自然语言处理大量使用了编译原理相关的技术，如语法分析等。在理解层面，使用了语义理解、机器学习等。因此自然语言处理的基础是文本处理和机器学习。

垃圾邮件过滤、用户评论情感分类、信息检索等都是自然语言处理的应用场景。

4．语音识别

语音识别是利用自然语言处理、机器学习等相关技术实现识别人类语言的技术。Siri 等智能助手、智能聊天机器人都是语音识别的应用场景。

1.1.3　机器学习的流程

一个完整的机器学习流程往往要经历问题定义、数据准备、模型选择和开发、模型训练和调优、模型评估测试 5 个步骤，如图 1-4 所示。

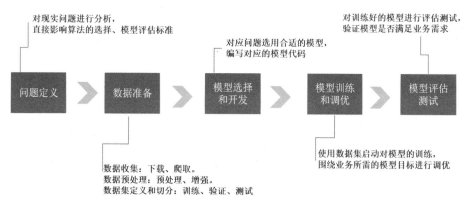

图 1-4　机器学习的流程

1．问题定义

我们在面对一个机器学习问题时，首先应该对问题进行分析，确定问题的类型，例如，它是监督学习还是无监督学习，是分类问题还是回归问题等。这将直接影响算法的选择、模型的评估。

2．数据准备

（1）数据收集。

我们为什么要收集数据呢？因为有些问题需要靠数据找出答案，例如"我应该买哪只股票？""我该如何活得更健康？""我如何才能了解顾客不断变化的喜好，从而更好地提供服务？"等。

业界有一句非常著名的话："数据决定了机器学习的上界，而模型和算法只是去逼近这个上界。"由此可见，数据对于整个机器学习项目至关重要。

（2）数据预处理。

数据集（即收集到的数据）或多或少都会有数据缺失、数据分布不均衡、存在异常数据、混有无关紧要的数据等诸多数据不规范的问题。这就需要我们对其进行进一步的处理，包括处理缺失值、处理偏离值、数据规范化、数据的转换等，这个步骤叫作"数据预处理"。

（3）数据集拆分。

一般地，将数据集拆分成独立的 3 部分：训练集（train set）、验证集（validation set）和测试集（test set）。其中训练集用来训练模型，验证集用来调整模型参数从而得到最优模型，而测试集用来检验最优模型的性能如何。一个典型的数据集拆分是训练集占总样本的 50%，另外 2 部分各占 25%，3 部分都是从样本中随机抽取的。有时也会将数据集按比例分为两个子集：训练集和测试集。训练集用于训练模型，测试集用于测试训练后模型对于未知数据的预测效果。

3．模型选择和开发

当我们处理好数据之后，就可根据确定好的问题类型，选择合适的机器学习算法模型，编写对应的模型代码。

4．模型训练和调优

选择好模型后，使用数据集对模型进行训练。首次训练后，一般不会得到最优模型。我们需要了解不同参数调整和正则化方法带来的细微差别，围绕业务所需的模型目标，调整模型参数。

5．模型评估和测试

对训练好的模型进行评估和测试，验证模型是否满足业务需求。

1.1.4　机器学习的分类

机器学习的方法有很多，根据研究重点的不同可以有不同的种分类方法。基于学习方式的不同，可以将机器学习分为监督学习、无监督学习和强化学习。

1．监督学习

监督学习（supervised learning）需要使用有输入和预期输出标签的数据集。监督学习的目的是通过学习许多有标签的样本，对新的数据做出预测。

例如，如果指定的任务是使用一种图像分类算法对男孩和女孩的图像进行分类，那么男孩的图像需要带有"男孩"标签，女孩的图像需要带有"女孩"标签。这些数据被认为是一个"训练"数据集，在预先知道正确的分类答案的情况下，算法对训练数据集不断进行迭代预测，通过跟正确答案对比进行不断修正，直到达到所要求的性能，学习过程才会停止。

监督学习又可分为分类和回归两个问题。

（1）分类。

在分类问题中，机器学习的目标是对样本的类标签进行预测，判断样本属于哪一个分类，其结果是离散的数值。

例如，将图片分类为苹果或橘子，能准确识别新图片上的水果是苹果还是橘子，这就是分类问题。再如，有一个胸部肿瘤的数据集，数据部分是肿瘤的大小等特征，对应的标签表示肿瘤是否为良性。假如有一个新的肿瘤数据集，对应的机器学习算法就根据肿瘤的尺寸等数据，估算出一个概率，即肿瘤为良性的概率或恶性的概率，预测输出一个离散值 0 或 1，也就是良性或恶性。

（2）回归。

在回归问题中，其目标是预测一个连续的数值或者是范围。例如，某网站上每部电影都有一个评分，从 0 分到 10 分，分数越高，说明影片越受欢迎。预测一部即将上映的新电影的评分，就是回归问题。再如，预测一套二手房的售价，给定房价的数据集，每套房子面积等特征数据对应的标签就是房价，如果你有一套房子并想知道能卖多少钱，机器学习算法就根据输入的房子面积等数据，预测出房子对应的市场价。

总结一下，在监督学习中，训练数据集包括输入和输出，也可以说是特征和标签，训练数据集中的标签是人工标注的。机器学习算法从给定的训练数据集中学习出一个函数（模型参数），当新的数据输入后，可以根据这个函数预测结果。根据预测结果是离散的或是连续的，监督学习又分为回归问题和分类问题。

2．无监督学习

在无监督学习（unsupervised learning）中，给定的数据没有标签。无监督学习算法的目标是以某种方式组织数据，然后找出数据中存在的内在结构。这包括将数据进行聚类，或者找到更简单的方式处理复杂数据，使复杂数据看起来更简单。

聚类是典型的无监督学习方式，即事先不知道样本的类别，通过某种方法，把相似的样本放在一起归为一类。

例如，餐馆拥有大量顾客的消费数据，想对顾客进行分组，以提供更具针对性的优质服务。聚类算法会自行寻找关联，如把用餐的次数和用餐总花费较高的顾客分为一组，把用餐的次数和用餐总花费较低的顾客分为一组，把一次性消费的顾客分为一组。

3．强化学习

强化学习（reinforcement learning，RL）是机器学习的范式和方法论之一，用于描述和解决智能体（agent）在与环境的交互过程中通过学习策略达成回报最大化或实现特定目标的问题。

强化学习把学习看作试探评价的过程，智能体选择一个动作用于环境，环境接受该动作后状态（state）发生变化，同时产生一个强化信号（奖励或惩罚）反馈给智能体，智能体根据强化信号和环境当前状态再选择下一个动作，选择的原则是使受到正强化（奖励）的概率增大。

1.1.5　过拟合和欠拟合

机器学习的目标是使学得的模型能够很好地适用于新的样本，而不仅仅是在训练样本上工作得很好。学得的模型适用于新样本的能力称为泛化能力，也称为鲁棒性。追求这种泛化能力始终是机器学习的一个目标。

过拟合（overfitting）和欠拟合（underfitting）是导致模型泛化能力不高的两个常见原因，它们都是模型学习能力与数据复杂度之间失配的体现。"欠拟合"常在模型学习能力较弱，而数据复杂度较高的情况下出现，此时模型学习能力不足，无法学习到数据集中的"一般规律"，从而导致泛化能力弱。"过拟合"则常在模型学习能力过强的情况下出现，此时的模型学习能力太强，以至于能将训练集单个样本自身的特点都捕捉到，并将其认为是"一般规律"，同样这种情况也会导致模型泛化能力下降。

过拟合与欠拟合的区别在于，欠拟合在训练集和测试集上的性能都较差，而过拟合往往能较好地学习训练集数据，而在测试集上的性能较差。

如图 1-5 所示，正常拟合的数据模型呈钩状；欠拟合时，模型是线性的，无法很好地描述数据分布；过拟合时，模型试图用一个极为复杂的函数过度拟合训练集数据，即模型会学习训练集数据的噪声，这样做训练集误差确实降低了，但可以想象，这样的模型无法很好地预测一个新样本的目标值。

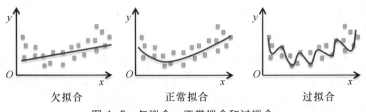

图 1-5　欠拟合、正常拟合和过拟合

修正过拟合的一般方法有：增加训练集数据；降低模型复杂度；正则化。

修正欠拟合的一般方法有：增加新特征；增加模型复杂度。

1.1.6　衡量机器学习模型的指标

监督学习是机器学习中最常用的学习方法，在现实中的主要应用有分类问题和回归问题，这两类问题有各自的性能评估指标。分类问题的主要性能评估指标有准确率、精确率、召回率、F1 Score 等，回归问题的主要性能评估指标有平均绝对误差（mean absolute error，MAE）、均方误差（mean square error，MSE）等。

1. 分类问题

在分类问题中，将机器学习模型的预测与实际情况进行对比后，结果可以分为 4 种：TP、TN、FP 和 FN。每一种结果由两个字母组成，第一个字母为 T 或 F，是 True 或 False 的首字母缩写，表示预测结果是否符合事实；第二个字母为 P 或 N，是 Positive 或 Negative 的首字母缩写，表示的是预测结果。对于分类问题，机器学习模型只会输出正类和负类两种预测结果。

- TP（true positive）：将正类预测为正类数。
- TN（true negative）：将负类预测为负类数。
- FP（false positive）：将负类预测为正类数。
- FN（false negative）：将正类预测为负类数。

（1）准确率（accuracy）。

准确率（也简写为 ACC）是最常用的分类性能指标，即正确预测的正负类数/总数，如式（1-1）所示：

$$ACC = \frac{TP + TN}{TP + TN + FP + FN} \tag{1-1}$$

（2）精确率（precision）。

精确率是针对预测结果而言的，表示的是预测为正的样本中有多少是真正的正样本。预测为正有两种可能：一种是把正类预测为正类数（TP），另一种是把负类预测为正类数（FP）。精确率即正确预测的正类数/预测正类总数，也称为查准率，如式（1-2）所示：

$$precision = \frac{TP}{TP + FP} \tag{1-2}$$

（3）召回率（recall）。

召回率是针对原来样本而言的，表示的是样本中的正类有多少被预测正确。预测正类同样有两种可能：一种是把正类预测为正类数（TP），另一种是把正类预测为负类数（FN）。召回率即正确预测的正类数/实际正类总数，也称为查全率，如式（1-3）所示：

$$recall = \frac{TP}{TP + FN} \tag{1-3}$$

（4）F1 Score。

F1 Score 是精确率和召回率的调和值，更接近于这两个值中较小的那个，当精确率和召回率接近时，F1 Score 最大，如式（1-4）所示：

$$F1score = \frac{2 \times precision \times recall}{precision + recall} \tag{1-4}$$

2. 回归问题

设测试样例的真实目标值为 $y_1, y_2, \cdots, y_m$，对应的预测值为 $\hat{y}_1, \hat{y}_2, \cdots, \hat{y}_m$。

（1）平均绝对误差（MAE），如式（1-5）所示：

$$MAE = \frac{1}{m} \sum_{i=1}^{m} |y_i - \hat{y}_i| \tag{1-5}$$

（2）均方误差（MSE），如式（1-6）所示：

$$MSE = \frac{1}{m}\sum_{i=1}^{m}(y_i - \hat{y}_i)^2 \qquad (1-6)$$

（3）可决系数 R^2，如式（1-7）所示：

$$R^2 = 1 - \frac{RSS}{TSS} = 1 - \frac{\sum_{i=1}^{m}(y_i - \hat{y}_i)^2}{\sum_{i=1}^{m}(y_i - \bar{y}_i)^2} \qquad (1-7)$$

可决系数 R^2 的值通常在 $0\sim1$，越接近于 1，说明模型的预测效果越好；越接近于 0，说明模型的预测效果越差，当然也存在负值的可能性，此时说明模型的预测效果非常差。公式中 $\bar{y}_i$ 为 y_i 的平均值，总离差平方和（total sum of squares，TSS）表示样本值之间的差异情况，残差平方和（residual sum of squares，RSS）表示预测值与样本值之间的差异情况。

1.2 项目实训

1.2.1 搭建机器学习开发环境——Anaconda

Anaconda 是一个开源的软件包集合平台，包含 conda 等 180 多个包及其依赖项，基本把机器学习需要用到的工具都集成好了，是很受欢迎的数据科学平台。

1. Anaconda 的下载

到 Anaconda 的官网下载安装包。选择 Individual Edition 个人版本，如图 1-6 所示。

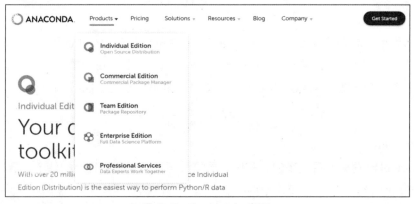

图 1-6　Anaconda 官网

Anaconda 是跨平台的，有 Windows、MacOS、Linux 等版本，如图 1-7 所示。这里以 Windows 版本为例，下载 Windows 版本 64 位安装包（即 64-Bit Graphical Installer）。

2. Anaconda 的安装和启动

下载安装包后，双击安装包，根据安装界面的提示完成安装。Anaconda 安装完成后，在 Windows 的"开始"菜单中找到"Anaconda3（64-bit）"文件夹，单击"Anaconda Navigator（anaconda3）"命令，便可启动 Anaconda Navigator，如图 1-8 所示。

图 1-7　选择对应操作系统的 Anaconda 安装包

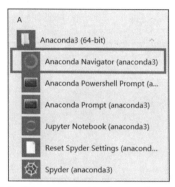

图 1-8　单击"Anaconda Navigator（anaconda3）"

启动 Anaconda Navigator 后，可以看到 Anaconda Navigator 内置了很多工具，包括 Jupyter Notebook、Powershell Prompt 等，通过"Environments"可以新建或管理开发环境，如图 1-9 所示。

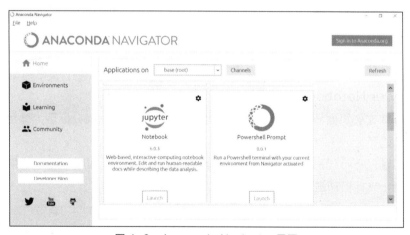

图 1-9　Anaconda Navigator 界面

1.2.2　Jupyter Notebook 的使用操作

Jupyter Notebook 是一个基于 Web 的交互式计算环境，它能让用户把说明文本、数学公式、代码和可视化内容等全部组合到一个易于共享的文档中，非常便于研究和教学。它支持 40

余种编程语言，可以实时运行代码并将运行结果显示在代码下方，给开发者提供了极大的便捷性。目前，它被广泛用于数据处理、统计建模、构建和训练机器学习模型、可视化数据等领域。

1．Jupyter Notebook 的启动

在 Anaconda Navigator 中启动 Jupyter Notebook 非常简单，方法有三种：单击 Jupyter Notebook 中的"Launch"按钮；在开始菜单的"Anaconda3（64-bit）"的文件夹下单击"Jupyter Notebook（anaconda3）"；在 Anaconda Prompt 中以命令的方式运行"jupyter notebook"。

2．在 Jupyter Notebook 中新建 Python 文件

启动 Jupyter Notebook 后，单击右上角的"New"按钮，在弹出的下拉列表中选择"Python 3"，如图 1-10 所示。

图 1-10　在 Jupyter Notebook 中新建 Python 文件

浏览器会新建一个 Python 3 文件，并跳转到该页面，如图 1-11 所示。

图 1-11　新建 Python 3 文件页面

3．Jupyter Notebook 的基本操作

在 Python 3 文件页面按"Enter"键，原本标示为蓝色的单元格会标示为绿色，这时我们就可以输入代码了。

下面我们输入一行代码，并按"Shift+Enter"组合键来运行程序，运行结果会直接显示在单元格下面，光标自动进入下一个单元格，如图 1-12 所示。

图 1-12　在 Jupyter Notebook 中输入代码并运行

Jupyter Notebook 提供了两种不同的键盘输入模式：命令模式和编辑模式。命令模式将键盘与 Jupyter Notebook 命令绑定，以蓝色单元格边框表示；编辑模式允许将文本或代码输入活动单元格，并以绿色单元格边框表示。

代码上方的菜单栏提供了操作单元格的各种选项及按钮：edit（编辑），insert（添加），cut（剪切），move cell up/down（上/下移动单元格），run cells（在单元格中运行代码），interrupt（停止代码），save（保存工作），以及 restart（重新启动内核）等。同时，Jupyter Notebook 还提供了很多方便的快捷键。

除了上述操作，Jupyter Notebook 还有很多有趣的操作，大家可以自己去尝试探索。

1.2.3　NumPy 的基本使用

NumPy 是 Python 语言的一个运行速度非常快的库，主要用于数组计算，支持各种维度的数组与矩阵运算，此外也针对数组运算提供大量的函数库。

scikit-learn（以前称为 scikits.learn，也称为 sklearn）是针对 Python 编程语言的免费机器学习库。scikit-learn 使用 NumPy 数组形式的数据来进行处理。为了让大家更直观地了解 NumPy 数组，我们将使用 NumPy 根据给定的数值范围创建数组。

1. 使用 arange 函数创建数组

使用 NumPy 库中的 arange 函数可创建数组，并返回 ndarray 对象。

```
#导入 NumPy 并重命名为 np
import numpy as np
#生成元素为 0 到 5 的整数（不包括 5）的数组
x = np.arange(5)
#生成元素为 3 到 9 的整数（不包括 9）、步长为 2 的数组
x1 = np.arange(3,9,2)
print("x:",x,"x1:",x1)
```

运行代码，库结果如图 1-13 所示。

2. 使用 linspace 函数创建数组

使用 NumPy 库中的 linspace 函数可创建一维数组，该一维数组中是一个等差数列。

```
x: [0 1 2 3 4] x1: [3 5 7]
```

图 1-13　使用 arange 函数创建数组

```
#生成一个元素为-10 到 10、元素个数为 20 的等差数列
x = np.linspace(-10,10,20)
x
```

运行代码，结果如图 1-14 所示。

```
array([-10.        ,  -8.94736842,  -7.89473684,  -6.84210526,
        -5.78947368,  -4.73684211,  -3.68421053,  -2.63157895,
        -1.57894737,  -0.52631579,   0.52631579,   1.57894737,
         2.63157895,   3.68421053,   4.73684211,   5.78947368,
         6.84210526,   7.89473684,   8.94736842,  10.        ])
```

图 1-14　使用 linspace 函数创建等差数列数组

1.2.4 pandas 的基本使用

pandas 是 Python 语言的一个扩展程序库，用于数据分析。pandas 可以从各种文件格式（例如，CSV、JSON、SQL、Microsoft Excel）的文件中导入数据。pandas 可以对各种数据进行运算操作，比如归并、再成形、选择，还有数据清洗和数据加工功能。

1. pandas 数据结构 DataFrame

DataFrame 是一种表格型的数据结构。

```python
#导入 pandas 并重命名为 pd
import pandas as pd
data = { '姓名':['王涵','李平','赵新','吴力'],
         '年龄':[21,35,30,38],
         '年薪':[4,10,6,13]
}
data_frame = pd.DataFrame(data)
data_frame
```

运行代码，结果如图 1-15 所示。

2. 使用 pandas 读取 CSV 文件

使用 pandas 读取已有的 **CSV** 文件。

```python
#使用 pandas 读取 CSV 文件
data = pd.read_csv("company.csv")
#用 data.head()显示数据表的前 5 行
data.head()
```

运行代码，结果如图 1-16 所示。

	姓名	年龄	年薪
0	王涵	21	4
1	李平	35	10
2	赵新	30	6
3	吴力	38	13

图 1-15　使用 pd.DataFrame 生成的数据表

	客户年龄（周岁）	平均每次消费金额（元）	平均消费周期（天）
0	23	317	10
1	22	147	13
2	24	172	17
3	27	194	67
4	37	789	35

图 1-16　使用 pandas 读取 CSV 文件

1.2.5 Matplotlib 的基本使用

Matplotlib 是一个 Python 语言的绘图库，它可通过各种硬拷贝格式和跨平台的交互式环境生成出版质量级别的图形，可用来绘制折线图、直方图、条形图、散点图等。

```python
#导入绘图模块
from matplotlib import pyplot as plt
#生成元素为 1 到 15 的整数（不包括 15）的数组
x = np.arange(1,15)
#y=3x^2 + 3
```

```
y = 3*x**2+3
#绘出这个函数的曲线
plt.plot(x,y,marker = 'o')
#显示图形
plt.show()
```

运行代码，结果如图 1-17 所示。

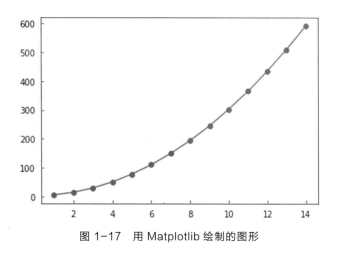

图 1-17　用 Matplotlib 绘制的图形

1.3　项目拓展——查看机器学习常用数据集

1. scikit-learn 概述

scikit-learn 是基于 NumPy、SciPy 和 Matplotlib 的一个通用型开源机器学习算法库，它让我们能够使用同样的接口来实现不同的算法调用。它可支持分类、回归、降维和聚类 4 类机器学习算法，几乎涵盖了所有的机器学习算法，还包含预处理和模型选择功能。同时 scikit-learn 内置了大量数据集，使用时几乎不需要再从外部网站下载任何文件，因而，节省我们获取和整理数据集的时间。

我们安装的 Anaconda 中已经包含 scikit-learn 库，不需要再单独安装。

2. 波士顿（boston）房价数据集探索

boston 房价数据集取自卡内基梅隆大学维护的 StatLib 库，该数据集中共有 506 个样本，每个样本有 14 个特征，其中前 13 个是特征变量，一般把第 14 个特征"MEDV"（房价中位数）作为目标变量。boston 数据集特征如表 1-1 所示。

表 1-1　boston 数据集特征

数据集特征	特征属性说明
实例数	506
属性数量	14，其中前 13 个特征是特征变量，第 14 个特征（房价中位数）是目标变量

数据集特征	特征属性说明
属性信息 （按顺序）	CRIM　　城镇人均犯罪率 ZN　　　住宅用地通过 25000 平方英尺的（1 平方英尺=0.093 平方米）的比例 INDUS　城镇非商业用地的比例 CHAS　　查尔斯河空变量（如果边界是河流则为 1；否则为 0） NOX　　一氧化氮浓度 RM　　　每个住宅的平均房间数 AGE　　1940 年之前建成的自用房屋比例 DIS　　　到波士顿 5 个就业中心的加权距离 RAD　　距离高速公路的便利指数 TAX　　每 10000 美元的全额财产税税率 PTRATIO 城镇师生比率 B 1000　城镇（Bk-0.63）^{2}其中 Bk 是城镇黑人的比例 LSTAT　人口地位降低百分比 MEDV　自有住房的房价中位数（以 1000 美元为单位）
缺失值	无

下面我们对这个数据集进行具体操作。

（1）导入 boston 模块。

```
from sklearn.datasets import load_boston
```

（2）导入 boston 数据集。

```
boston = load_boston()
```

（3）查看 boston 数据集的结构。

```
boston.keys()
```

运行代码，结果如图 1-18 所示。

（4）查看 boston 数据集的形状。

```
boston['data'].shape
```

运行代码，结果如图 1-19 所示。

```
dict_keys(['data', 'target', 'feature_names', 'DESCR', 'filename'])
```

图 1-18　boston 数据集的结构

```
(506, 13)
```

图 1-19　boston 数据集的形状

（5）查看 boston 数据集特征数据的具体数值。

```
boston['data']
```

运行代码，结果如图 1-20 所示。

```
array([[6.3200e-03, 1.8000e+01, 2.3100e+00, ..., 1.5300e+01, 3.9690e+02,
        4.9800e+00],
       [2.7310e-02, 0.0000e+00, 7.0700e+00, ..., 1.7800e+01, 3.9690e+02,
        9.1400e+00],
       [2.7290e-02, 0.0000e+00, 7.0700e+00, ..., 1.7800e+01, 3.9283e+02,
        4.0300e+00],
       ...,
       [6.0760e-02, 0.0000e+00, 1.1930e+01, ..., 2.1000e+01, 3.9690e+02,
        5.6400e+00],
       [1.0959e-01, 0.0000e+00, 1.1930e+01, ..., 2.1000e+01, 3.9345e+02,
        6.4800e+00],
       [4.7410e-02, 0.0000e+00, 1.1930e+01, ..., 2.1000e+01, 3.9690e+02,
        7.8800e+00]])
```

图 1-20　boston 数据集特征数据的具体数值

（6）查看 boston 数据集的特征名称。

```
boston['feature_names']
```

运行代码，结果如图 1-21 所示。

```
array(['CRIM', 'ZN', 'INDUS', 'CHAS', 'NOX', 'RM', 'AGE', 'DIS', 'RAD',
       'TAX', 'PTRATIO', 'B', 'LSTAT'], dtype='<U7')
```

图 1-21　boston 数据集的特征名称

（7）查看 boston 数据集目标变量的形状。

```
boston['target'].shape
```

运行代码，结果如图 1-22 所示。

```
(506,)
```

（8）查看 boston 数据集目标变量的具体数值。

图 1-22　boston 数据集目标变量的形状

```
boston['target']
```

运行代码，结果如图 1-23 所示。

```
array([24. , 21.6, 34.7, 33.4, 36.2, 28.7, 22.9, 27.1, 16.5, 18.9, 15. ,
       18.9, 21.7, 20.4, 18.2, 19.9, 23.1, 17.5, 20.2, 18.2, 13.6, 19.6,
       15.2, 14.5, 15.6, 13.9, 16.6, 14.8, 18.4, 21. , 12.7, 14.5, 13.2,
       13.1, 13.5, 18.9, 20. , 21. , 24.7, 30.8, 34.9, 26.6, 25.3, 24.7,
       21.2, 19.3, 20. , 16.6, 14.4, 19.4, 19.7, 20.5, 25. , 23.4, 18.9,
       35.4, 24.7, 31.6, 23.3, 19.6, 18.7, 16. , 22.2, 25. , 33. , 23.5,
       19.4, 22. , 17.4, 20.9, 24.2, 21.7, 22.8, 23.4, 24.1, 21.4, 20. ,
       20.8, 21.2, 20.3, 28. , 23.9, 24.8, 22.9, 23.9, 26.6, 22.5, 22.2,
       23.6, 28.7, 22.6, 22. , 22.9, 25. , 20.6, 28.4, 21.4, 38.7, 43.8,
       33.2, 27.5, 26.5, 18.6, 19.3, 20.1, 19.5, 19.5, 20.4, 19.8, 19.4,
       21.7, 22.8, 18.8, 18.7, 18.5, 18.3, 21.2, 19.2, 20.4, 19.3, 22. ,
       20.3, 20.5, 17.3, 18.8, 21.4, 15.7, 16.2, 18. , 14.3, 19.2, 19.6,
       23. , 18.4, 15.6, 18.1, 17.4, 17.1, 13.3, 17.8, 14. , 14.4, 13.4,
       15.6, 11.8, 13.8, 15.6, 14.6, 17.8, 15.4, 21.5, 19.6, 15.3, 19.4,
       17. , 15.6, 13.1, 41.3, 24.3, 23.3, 27. , 50. , 50. , 50. , 22.7,
       25. , 50. , 23.8, 23.8, 22.3, 17.4, 19.1, 23.1, 23.6, 22.6, 29.4,
       23.2, 24.6, 29.9, 37.2, 39.8, 36.2, 37.9, 32.5, 26.4, 29.6, 50. ,
       32. , 29.8, 34.9, 37. , 30.5, 36.4, 31.1, 29.1, 50. , 33.3, 30.3,
       34.6, 34.9, 32.9, 24.1, 42.3, 48.5, 50. , 22.6, 24.4, 22.5, 24.4,
       20. , 21.7, 19.3, 22.4, 28.1, 23.7, 25. , 23.3, 28.7, 21.5, 23. ,
       26.7, 21.7, 27.5, 30.1, 44.8, 50. , 37.6, 31.6, 46.7, 31.5, 24.3,
       31.7, 41.7, 48.3, 29. , 24. , 25.1, 31.5, 23.7, 23.3, 22. , 20.1,
       22.2, 23.7, 17.6, 18.5, 24.3, 20.5, 24.5, 26.2, 24.4, 24.8, 29.6,
       42.8, 21.9, 20.9, 44. , 50. , 36. , 30.1, 33.8, 43.1, 48.8, 31. ,
       36.5, 22.8, 30.7, 50. , 43.5, 20.7, 21.1, 25.2, 24.4, 35.2, 32.4,
       32. , 33.2, 33.1, 29.1, 35.1, 45.4, 35.4, 46. , 50. , 32.2, 22. ,
       20.1, 23.2, 22.3, 24.8, 28.5, 37.3, 27.9, 23.9, 21.7, 28.6, 27.1,
       20.3, 22.5, 29. , 24.8, 22. , 26.4, 33.1, 36.1, 28.4, 33.4, 28.2,
       22.8, 20.3, 16.1, 22.1, 19.4, 21.6, 23.8, 16.2, 17.8, 19.8, 23.1,
       21. , 23.8, 23.1, 20.4, 18.5, 25. , 24.6, 23. , 22.2, 19.3, 22.6,
       19.8, 17.1, 19.4, 22.2, 20.7, 21.1, 19.5, 18.5, 20.6, 19. , 18.7,
       32.7, 16.5, 23.9, 31.2, 17.5, 17.2, 23.1, 24.5, 26.6, 22.9, 24.1,
       18.6, 30.1, 18.2, 20.6, 17.8, 21.7, 22.7, 22.6, 25. , 19.9, 20.8,
       16.8, 21.9, 27.5, 21.9, 23.1, 50. , 50. , 50. , 50. , 50. , 13.8,
       13.8, 15. , 13.9, 13.3, 13.1, 10.2, 10.4, 10.9, 11.3, 12.3,  8.8,
        7.2, 10.5,  7.4, 10.2, 11.5, 15.1, 23.2,  9.7, 13.8, 12.7, 13.1,
```

图 1-23　boston 数据集目标变量的具体数值（部分）

（9）查看 boston 数据集特征的数据描述。

```
print(boston['DESCR'])
```

运行代码，结果如图 1-24 所示。

```
Boston house prices dataset
---------------------------

**Data Set Characteristics:**

    :Number of Instances: 506

    :Number of Attributes: 13 numeric/categorical predictive. Median Value (attribute 14) is usually the target.

    :Attribute Information (in order):
        - CRIM      per capita crime rate by town
        - ZN        proportion of residential land zoned for lots over 25,000 sq.ft.
        - INDUS     proportion of non-retail business acres per town
        - CHAS      Charles River dummy variable (= 1 if tract bounds river; 0 otherwise)
        - NOX       nitric oxides concentration (parts per 10 million)
        - RM        average number of rooms per dwelling
        - AGE       proportion of owner-occupied units built prior to 1940
        - DIS       weighted distances to five Boston employment centres
        - RAD       index of accessibility to radial highways
        - TAX       full-value property-tax rate per $10,000
        - PTRATIO   pupil-teacher ratio by town
        - B         1000(Bk - 0.63)^2 where Bk is the proportion of blacks by town
        - LSTAT     % lower status of the population
        - MEDV      Median value of owner-occupied homes in $1000's

    :Missing Attribute Values: None

    :Creator: Harrison, D. and Rubinfeld, D.L.
```

图 1-24　boston 数据集特征的数据描述

读者可采用该方式查看 scikit-learn 内置的其他数据集。

1.4　项目小结

本项目主要介绍了什么是机器学习、机器学习的应用场景、机器学习的流程、机器学习的分类、过拟合和欠拟合、衡量机器学习模型的指标。通过项目实训的方式讲解了机器学习开发环境的搭建、Jupyter Notebook 的使用操作，以及 NumPy、pandas 和 Matplotlib 的基本使用，并进一步讲解了如何查看机器学习常用数据集。

1.5　习题

1. 简述机器学习的流程。
2. 简述机器学习的分类。
3. 什么是过拟合和欠拟合？
4. 下载并安装 Anaconda。
5. 启动 Jupyter Notebook，查看波士顿房价数据集。
6. 使用 pandas 读取 CSV 文件。

项目2

红酒数据集可视化——数据预处理

02

项目背景

在现实世界中，经常需要处理大量的原始数据，这些原始数据是机器学习算法无法理解的，有时它们会影响到数据分析建模的执行效率，甚至可能导致分析结果产生偏差。为了让机器学习算法理解原始数据，提高机器学习的质量，让算法模型更好地拟合数据，需要先对数据进行预处理。进行数据预处理一方面是提高数据的质量，另一方面是提高模型训练的有效性。例如，红酒（wine）数据集是来自意大利同一个地区不同耕种地点的红酒的化学成分分析数据，在 3 个不同种类的红酒中共有 13 种不同化学成分的测量结果。如果我们想直观地在二维平面图中展示这 3 种不同种类的酒的数据，就需要用到预处理中的降维技术。

学习目标

知识目标	1. 数据处理技术 2. 数据降维 PCA 3. 数据集拆分
能力目标	1. 掌握数据标准化方法 2. 掌握数据降维方法
素质目标	1. 理解数据预处理的应用场景 2. 提高模型训练的效率

2.1 项目知识准备

原始数据极易受噪声（如缺失值、不一致数据）的干扰，通常情况下数量级越大的数据集包含的噪声越多，因此，在建模训练之前需要对数据进行预处理。预处理分为数据处理、数据降维和数据集拆分。

2.1.1　数据处理

这里的数据处理主要指的是使用 scikit-learn 库的 preprocessing 模块中的数据预处理方法，将原始数据转换为适合机器学习的形式，用于改善机器学习的效果。常见的数据预处理方法包括均值方差标准化、离差标准化、二值化、归一化、独热编码等。

1. 均值方差标准化

均值方差标准化是一种将数据转化为标准正态分布的标准化方法。在回归模型中，服从正态分布的自变量和因变量往往有着较好的回归预测效果。

均值方差标准化是将数据按其特征/属性（按列进行）减去均值再缩放到单位方差来进行的标准化。得到的结果是，对于每个特征列来说，所有数据都聚集在 0 附近，标准差为 1，使经过处理的数据符合标准正态分布，即均值为 0，标准差为 1，其转化函数为：

$$x^* = \frac{x - \mu}{\sigma}$$

其中，μ 为样本数据的均值，σ 为样本数据的标准差。

StandardScaler 类将数据按其属性（按列进行）减去均值和缩放到单位方差来标准化特征。得到的结果是，对于每个特征列来说所有数据都聚集在 0 附近，标准差为 1，使新的 x 数据集方差为 1，均值为 0。

如果数据本身就服从正态分布，就适用于标准化处理。在进行标准化的过程中将训练集的均值和方差当作总体的均值和方差，因此对测试集使用训练集的均值和方差进行预处理。

preprocessing 模块中的 StandardScaler 类是一个用来将数据进行归一化和标准化的类，其基本语法格式如下：

```
class sklearn.preprocessing.StandardScaler(copy=True, with_mean=True,
                                           with_std=True)
```

StandardScaler 类常用的参数及其说明，如表 2-1 所示。

表 2-1　StandardScaler 类常用的参数及其说明

参数名称	说明
with_mean	接收布尔值。若为 True，表示在缩放数据前进行中心化，当数据为稀疏矩阵时，将不起作用，并可能引起异常。默认为 True
with_std	接收布尔值。表示是否将数据缩放为单位方差或单位标准差。默认为 True

其使用方法如下所示：

```
from sklearn.preprocessing import StandardScaler
StandardScaler().fit_transform(data)
```

StandardScaler().fit_transform()方法常用的参数及其说明，如表 2-2 所示。

表 2-2　StandardScaler().fit_transform()方法常用的参数及其说明

参数名称	说明
data	接收数据，用于对该数据进行标准化处理，无默认值

分别计算数据的均值和方差，然后进行标准化，如下代码所示：

```
# 使用均值方差标准化数据
import numpy as np
X = np.array([[ 1., -1.,  2.],
              [ 2.,  0.,  0.],
              [ 0.,  1., -1.]])
# 计算均值
X_mean = X.mean(axis=0)
# 计算方差
X_std = X.std(axis=0)
# 标准化 X
X1 = (X-X_mean)/X_std
print('均值方差标准化后的数据: \n',X1)
```

使用均值方差标准化后的输出结果如图 2-1 所示。

StandardScaler 类的使用方法如下代码所示：

```
# 使用 StandardScaler 类标准化数据
# StandardScaler 类的使用
from sklearn.preprocessing import StandardScaler
# 调用 StandardScaler 类的方法进行标准化
X_scale = StandardScaler().fit_transform(X)
# 最终 X1 与 X_scale 等价
print('使用 StandardScaler 类标准化后的数据: \n',X_scale)
```

使用 StandardScaler 类标准化数据的输出结果如图 2-2 所示。

```
均值方差标准化后的数据：
[[ 0.         -1.22474487  1.33630621]
 [ 1.22474487  0.         -0.26726124]
 [-1.22474487  1.22474487 -1.06904497]]
```

图 2-1　使用均值方差标准化后的数据

```
使用StandardScaler类标准化后的数据：
[[ 0.         -1.22474487  1.33630621]
 [ 1.22474487  0.         -0.26726124]
 [-1.22474487  1.22474487 -1.06904497]]
```

图 2-2　使用 StandardScaler 类标准化后的数据

2．离差标准化

有时数据中每个特征的数值范围可能变化很大，这个时候将特征的数值范围缩放到合理的大小对算法模型学习数据就显得非常重要。如果数据分布在一个范围内，在不涉及距离度量、协方差计算、数据不符合正态分布的时候，就可以使用离差标准化处理。

preprocessing 模块中的 MinMaxScaler 类是一个用于特征的离差标准化处理的类，可使原始数据的数值映射到指定范围内，将每个特征的数值转换成指定范围的值，其基本语法格式如下：

```
class sklearn.preprocessing. MinMaxScaler (feature_range=(0, 1), copy=True)
```

MinMaxScaler 类的属性及其说明，如表 2-3 所示。

表 2-3 MinMaxScaler 类的属性及其说明

属性	说明
min_	每个特征的最小调整
scale_	每个特征对应的数据缩放比例
data_min_	每个特征的最小值
data_max_	每个特征的最大值
data_range_	每个特征的范围

3. 二值化

二值化用于将数值特征向量转换为布尔型向量，通过设置阈值，将特征值大于阈值的转换为 1，特征值小于或等于阈值的转换为 0，二值化后的值会落在 0 或 1 上。preprocessing 模块中的 Binarizer 类用于特征二值化，可创建二值化转换器，其基本语法格式如下：

```
class sklearn.preprocessing.Binarizer(threshold=0.0, copy=True)
```

4. 归一化

归一化用于需要对特征向量的值进行调整时，以确保每个特征向量的值都缩放到相同的数值范围内，归一化是将样本在向量空间模型上进行转换。这个方法经常被用在分类与聚类中，以确保数据点没有因为特征的基本性质而产生较大差异，即确保数据处于同一个数量级，以提高不同特征数据的可比性。preprocessing 模块中的 Normalizer 类用于特征归一化，常用的归一化形式是将特征向量调整为 L1 或 L2 范数，其基本语法格式如下：

```
class sklearn.preprocessing.Normalizer(norm='l2', copy=True)
```

5. 独热编码

在机器学习中，特征可能不是数值型的而是分类型的，但某些模型要求它为数值型，最简单的方法是将特征编码为整数。例如，已知分类“性别”为['男', '女']，地点为['北京', '上海']，令'男'类别等于 0，'女'类别等于 1，同理，令'北京'类别等于 0，令'上海'类别等于 1。则['男', '北京']编码为[0,0]，['女', '北京']编码为[1,0]。但是此处理方法可能使估计器认为类别[0,1]是有序的、有关联的，但实际上原始数据中的类别[男,女]是无序的、无关联的。独热编码可以解决这个问题。

独热编码即 One-Hot 编码，又称为一位有效编码，其方法是使用 *N* 位状态寄存器来对 *N* 个状态进行编码，每个状态都有它独立的寄存器位，并且在任意时候，其中只有一个寄存器位有效。哑变量编码与独热编码类似，它可以任意地将一个状态位去除，使用 *N*−1 个状态位就足够反映 *N* 个类别的信息，如图 2-3 所示。

原始数据

	城市
1	广州
2	上海
3	杭州
4	上海

独热编码

	城市_广州	城市_上海	城市_杭州
1	1	0	0
2	0	1	0
3	0	0	1
4	0	1	0

哑变量编码

	城市_广州	城市_上海	城市_杭州
1	0	0	0
2	0	1	0
3	0	0	1
4	0	1	0

图 2-3 独热编码与哑变量编码

Preprocessing 库的 OneHotEncoder 类用于独热编码，其基本语法格式如下：

```
class sklearn.preprocessing.OneHotEncoder(n_values=None,
        categorical_features=None, categories=None, sparse=True,
        dtype=<class 'numpy.float64'>, handle_unknown='error')[source]
```

6. 转换器的使用说明

为了实现大量的数据特征处理相关操作，scikit-learn 库把相关的功能封装为转换器（transformer），转换器主要有如下 3 个方法。

- fit()：通过分析特征和目标值提取有价值的信息，并训练算法、拟合数据。
- transform()：主要用来对特征数据进行转换，标准化数据。
- fit_transform()：先调用 fit()方法拟合数据，再调用 transform()方法进行标准化。

2.1.2 数据降维

生活中，人们很难对高维的数据具有直观的认识。如果把数据的维度降低到 2 维或 3 维，并且令数据点与原高维空间里的关系保持不变或近似，就可以将降维后的数据可视化。

在机器学习的过程中，我们有可能会遇到很复杂的数据。这样复杂的数据会增加计算资源的消耗量，很可能一个算法运行下来要持续几天甚至几周的时间，这样，时间成本会非常高。另外，如果数据的维度过高，还会造成训练模型过拟合，使算法模型的泛化能力大大降低。所以，我们需要降低数据的复杂性，减少算法在训练过程中的存储量和计算时间，将高维的数据降低成低维的数据。

降维就是一种对高维度特征数据进行预处理的方法，即将高维的数据去除噪声和不重要的特征，仅保留下重要的一些特征，从而达到提升数据处理速度的目的。经过降维后的数据，因为保留了原高维数据的重要特征，可以用于进行机器学习模型训练和预测。这时因其数据量大大缩减，训练和预测的时间效率将大为提高。在实际的生产和应用中，降维在一定的信息损失范围内，可以为我们节省大量的时间和其他成本。降维已成为应用非常广泛的数据预处理方法。

1. 主成分分析简介

主成分分析（principal component analysis，PCA）方法，是使用非常广泛的数据降维算法之一。它通过某种线性投影，将高维的数据映射到低维的空间中表示，并期望在所投影的维度上数据的方差最大，以此使用较少的数据维度，同时保留较多的原数据点的特性。PCA 的主要思想是将 n 维特征映射到 k 维上（$k<n$），在映射的过程中要求每个维度的样本方差最大，达到尽量使新的 k 维特征向量之间互不相关的目的。这些数据中拥有方差最大的 k 个维度被称为主成分，是在原有 n 维特征的基础上重新构造出来的 k 维特征。PCA 的工作就是从原始的空间中有序地找一组相互正交的坐标轴，新的坐标轴的选择与数据本身是密切相关的。

PCA 是丢失原始数据信息最少的一种线性降维方法，可广泛应用在数据压缩、数据可视化、提升机器学习速度等场景中。

2. scikit-learn 库中 PCA 类用法介绍

scikit-learn 库中的 decomposition 模块对 PCA 类进行了如下定义：

```
class sklearn.decomposition.PCA(n_components=None, copy=True, whiten=False,
                                svd_solver='auto', tol=0.0,
                                iterated_power='auto', random_state=None)
```

其中的主要参数说明如下。

- **n_components**：这个参数可以帮我们指定希望降维后的特征维度数目。
  - ➢ 最常用的做法是直接指定降维到的维度数目，此时 n_components 是一个大于等于 1 的整数。
  - ➢ 指定主成分的方差和所占的最小比例阈值，让 PCA 类自己去根据样本特征方差来决定降维到的维度数目，此时 n_components 是取值范围为(0,1]的数。
  - ➢ 设置为'mle'(极大似然估计)，此时 PCA 类会用 MLE 算法根据特征的方差分布情况自己去选择一定数量的主成分特征来降维。
  - ➢ 用默认值，即不输入 n_components，此时 n_components=min(样本数,特征数)。
- **copy**：表示是否在运行算法时，将原始数据复制一份。默认为 True，此时运行 PCA 算法后，原始数据不会有任何改变。因为是在原始数据的副本上进行运算的。
- **whiten**：白化，即对降维后的数据的每个特征进行标准化，让方差都为 1。对于降维本身来说，一般不需要白化。如果降维后有后续的数据处理动作，可以考虑白化。默认值是 False，即不进行白化。
- **svd_solver**：指定奇异值分解（singular value decomposition，SVD）的方法，由于特征分解是 SVD 的一个特例，一般的 PCA 库都是基于 SVD 实现的。有 4 个可以选择的值：{'auto', 'full', 'arpack', 'randomized'}。默认是 auto，即 PCA 类会自己在 3 种算法里面权衡，选择一个合适的 SVD 来降维。

（1）PCA 对象的常用属性如下。

- **components_**：返回具有最大方差的成分，表示特征空间中的主轴的各个特征向量。
- **explained_variance_**：返回降维后的各主成分的方差值，方差值越大，则说明它是越重要的主成分。
- **explained_variance_ratio_**：返回降维后的各主成分的方差值占总方差值的比例，这个比例越大，则它是越重要的主成分。

（2）PCA 对象的常用方法如下。

- **fit(X)**：表示用数据 X 来训练 PCA 模型。
- **transform(X)**：将数据 X 转换成降维后的数据。当模型训练好后，对于新输入的数据，都可以用 transform 方法来降维。
- **fit_transform(X)**：用 X 来训练 PCA 模型，同时返回降维后的数据。

2.1.3 数据集拆分

在机器学习中，我们通常将原始数据按照比例拆分为"训练集"和"测试集"。在机器学习算法中，一个由 N 个数字组成的大的集合 $\{x\_1, x\_2, \cdots, x\_N\}$ 被称为训练集（training set），用来调节模型的参数。这些在训练过程中使用的数据也称为训练数据（training data），其中每个样本被称为一个训练样本（training sample）。训练集就是所有训练样本组成的集合，一般我们在整体数据中随机采样获得训练集。而测试集是整体数据中除去训练集的部分。使用学习得到的模型进行预测的过程称为测试（testing），被预测的样本称为测试样本（testing sample）。训练集和测试集的大小并没有固定的分法，9∶1、8∶2这样的分法都是可以的。

scikit-learn 库中的 model_selection 模块提供了 train_test_split 函数，能够随机对数据集进行拆分，用于将数据集随机划分为训练集和测试集，其基本语法格式如下：

```
sklearn.model_selection.train_test_split(*arrays, **options)
```

train_test_split 函数常用的参数及其说明，如表 2-4 所示。

表 2-4　train_test_split 函数常用的参数及其说明

参数名称	说明
*arrays	接收 list、array、matrix 和 dataframe，无默认值。表示用于拆分的可索引的数据集
test_size	接收 float、int 和 None，默认值为 0.25。该参数为 float 时，取值范围为 0.0 到 1.0 之间，表示拆分后测试数据集占原数据集的比例；为 int 时，表示测试数据集中样本的个数；为 None 时，则将补充 train_size 指定的剩余部分数据集，仅当 train_size 未指定时方为默认值
train_size	接收 float、int 和 None，默认值为 None。该参数为 float 时，取值范围为 0.0 到 1.0 之间，表示拆分后训练数据集占原数据集的比例；为 int 时，表示训练数据集中样本的个数；为 None 时，则将补充 test_size 指定的剩余部分数据集
random_state	接收 int、RandomState 实例或 None，默认值为 None。该参数为 int 时，表示拆分数据集时使用的是随机种子；为 RandomState 实例时，表示使用的是随机数生成器；为 None 时，则随机数生成器是 np.random 使用的 RandomState 实例

train_test_split 函数的使用方法如下所示：

```
from sklearn.model_selection import train_test_split
# 拆分数据集
X_train, X_test, y_train, y_test = train_test_split(
    train_data, train_target,
    test_size=0.2, random_state=0
)
```

主要参数说明如下。

- **train_data**：所要拆分的样本特征集。
- **train_target**：所要拆分的样本结果。
- **test_size**：样本占比，如果是整数，就是样本的数量，默认占比 25%。
- **random_state**：随机数的种子。

其返回值如下。

- **X_train**、**y_train**：得到的训练数据。
- **X_test**、**y_test**：得到的测试数据。

2.2 项目实训

2.2.1 数据标准化处理

1. 数据准备

首先我们需要准备一些数据，可以使用 scikit-learn 库中内置的一些应用程序接口（application program interface，API）生成数据集，其中 make_blobs 函数会根据用户指定的特征数量、中心点数量、范围等来生成几类数据集和相应的标签，函数定义如下：

```
make_blobs(n_samples=100, n_features=2,centers=3, cluster_std=1.0,
           center_box=(-10.0, 10.0), shuffle=True, random_state=None)
```

其中主要参数说明如下。

- **n_samples**：表示数据样本点个数，默认值是 100。
- **n_features**：表示数据的维度，默认值是 2。
- **centers**：表示产生数据的中心点，默认值是 3。
- **cluster_std**：表示数据集的标准差，浮点数或者浮点数序列，默认值是 1.0。
- **center_box**：表示中心确定之后的数据边界，默认值是(−10.0, 10.0)。
- **shuffle**：表示数据洗牌，默认值是 True。
- **random_state**：表示随机生成器的种子。

我们使用 scikit-learn 的 make_blobs 函数生成一个样本量为 50、分类数为 1、标准差为 1 的数据集，然后调用绘图工具对数据集进行可视化。在 Jupyter Notebook 中新建一个 notebook，输入代码如下：

```
%matplotlib inline
#导入绘图工具
import matplotlib.pyplot as plt
# 导入数据集生成工具
from sklearn.datasets import make_blobs

plt.rcParams['font.sans-serif'] = ['SimHei']    # 用来正常显示中文标签
plt.rcParams['axes.unicode_minus'] = False      # 用来正常显示负号
# 生成一个样本量为 50、分类数为 1、标准差为 1 的数据集
X, y = make_blobs(n_samples=50, centers=1, cluster_std=2, random_state=8)
# 用散点图绘制数据点
plt.scatter(X[:, 0], X[:, 1], c='blue')
plt.xlabel('特征 1')
plt.ylabel('特征 2')
plt.title('原始数据')
plt.show()
```

运行代码，将得到图 2-4 所示的结果。

从图 2-4 中可以看到，数据集中的样本有两个特征，分别对应 x 轴和 y 轴，特征 1 的数值范围为 1 ~ 13，特征 2 的数值范围为 5 ~ 15。

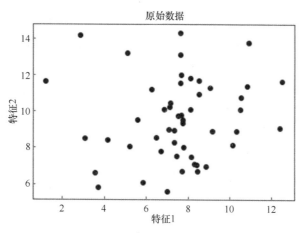

图 2-4　使用 make_blobs 函数生成数据

2. 数据标准化

接下来，我们使用 scikit-learn 的 preprocessing 模块中的 StandardScaler 类对这个生成的数据集 X 进行预处理，输入代码如下：

```python
# 导入 StandardScaler
from sklearn.preprocessing import StandardScaler
# 使用 StandardScaler 进行数据处理
scaler = StandardScaler().fit(X)
X_1 = scaler.transform(X)
# 也可以用 fit_transform()实现
# X_1 = StandardScaler().fit_transform(X)
# 用散点图绘制经过预处理的数据点
plt.scatter(X_1[:, 0], X_1[:, 1], c='blue')
plt.xlabel('特征 1')
plt.ylabel('特征 2')
plt.title('均值方差标准化数据')
plt.show()
```

运行代码，将得到图 2-5 所示的结果。

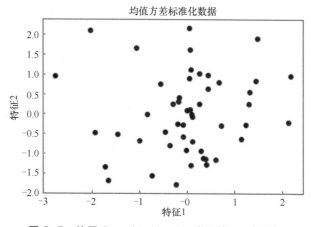

图 2-5　使用 StandardScaler 类预处理后的数据

对比图 2-4 和图 2-5 可以看到，数据点的分布情况没有什么不同，但是 x 轴和 y 轴的数值发生了改变，现在特征 1 的数值范围为 $-3 \sim 2$，而特征 2 的数值范围为 $-2 \sim 2$。这说明经过 StandardScaler 类处理后，所有数据的特征值被转换成均值为 0、方差为 1 的符合标准正态分布的数据，这样就可以确保数据的"大小"都是一致的，以便进行模型训练。

2.2.2　数据离差标准化处理

MinMaxScaler 类可以将所有数据点的特征数值都缩放到指定的数值范围内。定义形式如下：

```
sklearn.preprocessing.MinMaxScaler(feature_range=(0, 1), copy=True)
```

其中参数说明如下。

- **feature_range**：为元组类型，控制数据缩放的范围，默认是[0,1]。
- **copy**：为拷贝属性，默认为 True，表示对原数据组进行拷贝操作，这样变换后原数组不变；若为 False，表示变换后，原数组也跟随变化。

我们仍然使用上一个任务生成的数据集 X，对该数据集进行离差标准化处理，输入代码如下：

```
# 导入 MinMaxScaler
from sklearn.preprocessing import MinMaxScaler
# 使用 MinMaxScaler 进行数据预处理
X_2 = MinMaxScaler().fit_transform(X)
# 绘制散点图
plt.scatter(X_2[:, 0], X_2[:, 1], c='blue')
plt.xlabel('特征1')
plt.ylabel('特征2')
plt.title('离差标准化数据')
plt.show()
```

运行代码，将得到图 2-6 所示的结果。

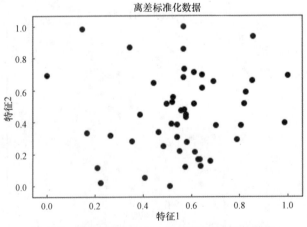

图 2-6　使用 MinMaxScaler 类预处理后的数据

再次对比图 2-4、图 2-5、图 2-6，数据点的分布情况仍然没有什么不同，但是这次 x 轴和 y 轴的数值都在 0 到 1 的范围内，表示特征 1 和特征 2 的数值都缩放在 0 到 1 之间。这说明经过 MinMaxScaler 类处理后，所有数据的特征值被转换成指定范围的数值，以便模型训练的速度更快，准确率更高。

2.2.3 数据二值化处理

数据二值化主要是为了将数据特征转化为布尔型变量，可以利用 preprocessing 模块的 Binarizer 类来实现。Binarizer 类可以设置一个阈值参数 threshold，数据结果大于阈值的为 1，小于或等于阈值的为 0。

我们先创建一些数据样本，然后对其进行二值化处理，输入代码如下：

```
import numpy as np
# 导入 Binarizer
from sklearn.preprocessing import Binarizer
data = np.array([[ 3, -1.5,   2, -5.4],
                 [ 0,    4,  -0.3, 2.1],
                 [ 1,  3.3, -1.9, -4.3]])
# 数据二值化
data_binarized = Binarizer(threshold=1.4).transform(data)
print("二值化处理后的数据: \n", data_binarized)
```

运行代码，将得到图 2-7 所示的结果。

从图 2-7 所示结果可以看到，当阈值设为 1.4 的时候，大于 1.4 的数值都被转换成 1，而小于 1.4 的数值都被转换成了 0。

```
二值化处理后的数据:
[[1. 0. 1. 0.]
 [0. 1. 0. 1.]
 [0. 1. 0. 0.]]
```

图 2-7 二值化处理后的数据

2.2.4 数据归一化处理

数据归一化是指将每个特征向量的值都缩放到相同的单位范数。preprocessing 模块的 Normalizer 类用于特征归一化处理，归一化的形式有 L1 范数、L2 范数等。定义形式如下：

```
sklearn.preprocessing.Normalizer(norm='l2', copy=True)
```

其中，主要参数 norm 可以为 l1、l2 或 max，默认为 l2。

> ➢ 若为 l1，样本各个特征值除以各个特征值的绝对值之和。
> ➢ 若为 l2，样本各个特征值除以各个特征值的平方之和。
> ➢ 若为 max，样本各个特征值除以样本中特征值最大的值。

我们继续使用前面生成的数据集 X，对该数据集进行 L2 范数的归一化处理，输入代码如下：

```
# 导入 Normalizer
from sklearn.preprocessing import Normalizer
# 使用 Normalizer 进行数据预处理，默认为 L2 范数
# 将所有样本的特征向量转化为欧几里得距离为 1；通常在只想保留数据特征向量的方向，而忽略其
数值的时候使用
X_3 = Normalizer().fit_transform(X)
```

```
# 绘制散点图
plt.figure(figsize=(6, 6))
plt.scatter(X_3[:, 0], X_3[:, 1], c='blue')
plt.xlim(0, 1.1)
plt.ylim(0, 1.1)
plt.xlabel('特征 1')
plt.ylabel('特征 2')
plt.title('L2 范数的归一化处理')
plt.show()
```

运行代码，将得到图 2-8 所示的结果。

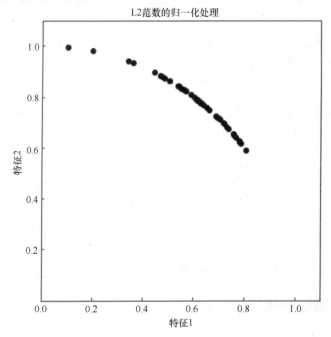

图 2-8　使用 Normalizer 类进行 L2 范数处理后的数据

从图 2-8 可以看到，数据点的分布变成半径为 1 的圆弧，这种方法将所有样本的特征向量转化为欧几里得距离（欧氏距离）为 1，通常在只想保留数据特征向量的方向，而忽略其数值的时候使用。

如果我们对该数据集进行 L1 范数的归一化处理，应将 norm 参数设置为 l1，修改代码如下：

```
# 修改 norm 参数为 L1 范数
X_4 = Normalizer(norm='l1').fit_transform(X)
# 绘制散点图
plt.figure(figsize=(6, 6))
plt.scatter(X_4[:, 0], X_4[:, 1], c='blue')
plt.xlim(0, 1.1)
plt.ylim(0, 1.1)
plt.xlabel('特征 1')
plt.ylabel('特征 2')
```

```
plt.title('L1 范数的归一化处理')
plt.show()
```

运行代码，将得到如图 2-9 所示的结果。

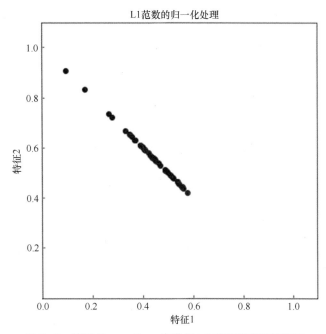

图 2-9 使用 Normalizer 类进行 L1 范数处理后的数据

从图 2-9 的所示结果可以看到，数据点大致分布在（0,1）、（1,0）两点之间的连线上，因为 L1 范数是将样本各个特征值除以各个特征值的绝对值之和。

2.2.5 独热编码处理

独热编码是把特征向量的每个特征与特征的非重复总数相对应，如果非重复计数的值是 k，那么就把这个特征转换为只有一个值是 1、其他值都是 0 的 k 维向量。独热编码通过将分类变量作为二进制向量的表示形式对每个值进行编码。首先将分类值映射到整数值，然后将每个整数值表示为二进制向量。编码就是保证每个样本中的单个特征只有 1 位处于状态 1，其他的都是 0。

如果要将分类型数据转换为数值型数据，可以使用 preprocessing 模块的 OneHotEncoder 类创建独热编码转换器，输入代码如下：

```
import numpy as np
# 导入 OneHotEncoder
from sklearn.preprocessing import OneHotEncoder
# 原始数据
data_type = np.array([[0, 1],
                      [1, 3],
                      [2, 0],
                      [1, 2]])
```

```
# 进行独热编码
encoder = OneHotEncoder(categories='auto').fit(data_type)
data_encoded = encoder.transform(data_type).toarray()
print("编码后的数据: \n", data_encoded)
```

运行代码，将得到如图 2-10 所示的结果。

从图 2-10 所示结果中观察每列特征向量的值。我们先来看第一个特征，即第一列[0,1,2,1]，也就是说它有 3 个取值，即 0、1、2，那么独热编码会使用 3 位来表示这个特征，

```
编码后的数据:
 [[1. 0. 0. 0. 1. 0. 0.]
 [0. 1. 0. 0. 0. 0. 1.]
 [0. 0. 1. 1. 0. 0. 0.]
 [0. 1. 0. 0. 0. 1. 0.]]
```

图 2-10 使用独热编码后的数据

[1,0,0]表示 0，[0,1,0]表示 1，[0,0,1]表示 2。上例输出结果中第一行的前 3 位[1,0,0]表示该特征为 0。

第二个特征，即第二列[1,3,0,2]，它有 4 种取值，分别为 0、1、2、3 这 4 个不重复的值，所以独热编码向量的长度是 4，分别对这 4 个不重复的值进行编码如下。

```
0 表示为[1,0,0,0];
1 表示为[0,1,0,0];
2 表示为[0,0,1,0];
3 表示为[0,0,0,1]。
```

之后，每一行的两列特征变量分别由长度为 3 和长度为 4 的编码构成了新的 7 列数值向量，也就是我们看到的输出结果。

目前 OneHotEncoder 类只能用于整型数据，如果遇到非整型数据就需要先做数值转换，然后进行独热编码。NumPy 提供了 digitize 函数将数值转换为分类型数组，也就是对数据进行离散化处理，或者称装箱处理。该函数定义如下：

```
numpy.digitize(x, bins, right = False)
```

该函数返回输入数组 x 中每个值所属的数组 bins 的区间索引。

参数说明如下。

- **x**：NumPy 数组。
- **bins**：一维单调数组，必须是升序或者降序。
- **right**：间隔是否包含最右。

我们随机取 20 个浮点数，对这些数据进行装箱处理，输入代码如下：

```
import numpy as np
# 定义一个随机数的数组
np.random.seed(38)
arr = np.random.uniform(-5, 5, size=20)
# 设置箱体数为 5
bins = np.linspace(-5, 5, 6)
# 将数据进行装箱操作
target_bin = np.digitize(arr, bins=bins)
# 输出装箱数据范围
print('装箱数据范围: \n{}'.format(bins))
print('\n 数据点的特征值: \n{}'.format(arr))
print('\n 数据点所在的箱子: \n{}'.format(target_bin))
```

运行代码，将得到图 2-11 所示的结果。

```
装箱数据范围：
[-5. -3. -1.  1.  3.  5.]

数据点的特征值：
[-1.1522688    3.59707847  4.44199636  2.02824894  1.33634097  1.05961282
 -2.99873157 -1.12612112 -2.41016836 -4.25392719 -2.19043025 -0.61565849
 -0.16750956  3.68489486  0.29629384  0.62263144 -0.28944656  1.88842007
  0.04828605  3.23175755]

数据点所在的箱子：
[2 5 5 4 4 4 2 2 2 1 2 3 3 5 3 3 3 4 3 5]
```

图 2-11　对数据进行装箱处理

从图 2-11 的输出结果可以看到，生成这个实验数据集的时候，是在−5～5 之间随机生成了 20 个数据点，因此在生成箱子的时候，也指定范围为−5～5，并生成 6 个元素的等差数列，这样每 2 个数值之间就形成了 1 个箱子，共 5 个。每个数据点的特征值可以用其所在的箱子号码来表示。例如，第 1 个数据点−1.1522688 位于[−3,−1]，即第 2 个箱子的区间范围，所以该数据点在第 2 个箱子中，以此类推。

接下来我们将已经装箱的数据进行独热编码，输入代码如下：

```python
# 导入独热编码
from sklearn.preprocessing import OneHotEncoder
target_bin = target_bin.reshape(-1, 1)
onehot = OneHotEncoder(sparse=False, categories='auto')
onehot.fit(target_bin)
# 使用独热编码转化数据
arr_in_bin = onehot.transform(target_bin)
# 输出结果
print('装箱编码后的数据维度: {}'.format(arr_in_bin.shape))
print('\n 装箱编码后的数据值: \n{}'.format(arr_in_bin))
```

运行代码，将得到图 2-12 所示的结果。

```
装箱编码后的数据维度：(20, 5)

装箱编码后的数据值：
[[0. 1. 0. 0. 0.]
 [0. 0. 0. 0. 1.]
 [0. 0. 0. 0. 1.]
 [0. 0. 0. 1. 0.]
 [0. 0. 0. 1. 0.]
 [0. 0. 0. 1. 0.]
 [0. 1. 0. 0. 0.]
 [0. 1. 0. 0. 0.]
 [0. 1. 0. 0. 0.]
 [1. 0. 0. 0. 0.]
 [0. 1. 0. 0. 0.]
 [0. 0. 1. 0. 0.]
 [0. 0. 1. 0. 0.]
 [0. 0. 0. 0. 1.]
 [0. 0. 1. 0. 0.]
 [0. 0. 1. 0. 0.]
 [0. 0. 1. 0. 0.]
 [0. 0. 0. 1. 0.]
 [0. 0. 1. 0. 0.]
 [0. 0. 0. 0. 1.]]
```

图 2-12　对装箱数据进行独热编码

从图 2-12 的输出结果可以看出，虽然数据样本中的数量仍然是 20，但是特征数从 1 变成了 5，因为箱子有 5 个，而新的数据点的特征值是用其所在箱子号码的独热编码来表示的。例如，第 1 个数据点在第 2 个箱子中，则其特征值的第 2 个数字是 1，其余都是 0。这样，就相当于把原先的连续型数据转换成了离散型数据。

2.2.6 数据降维处理

PCA 通过计算协方差矩阵的特征值和相应的特征向量，在高维数据中找到最大方差的方向，并将数据映射到一个维度不大于原始数据的新的子空间中。我们通过使用 scikit-learn 库中的鸢尾花（iris）数据集来演示 PCA 的降维处理。

1. 导入 iris 数据集

样本数据使用 iris 数据集，该数据集含有 4 个特征向量，一共 150 条记录，标签分为 3 类。将 iris 数据集从 datasets 模块导入，输入代码如下：

```
# 导入 iris 数据集
from sklearn.datasets import load_iris
# 加载 iris 数据集
iris = load_iris()
X = iris.data
print('iris 数据集的维度为: ', X.shape)
print('iris 数据集的前 5 行数据为: \n', X[:5])
```

运行代码，将得到图 2-13 所示的结果。

2. 指定特征数的降维

使用 PCA 类降维可以通过设置 n_components 这个参数，指定降维后的特征维度数目。现在我们指定 iris 数据集保留的特征数为 3，使用 PCA 构建模型，并通过 fit()方法训练模型，然后使用 transform()方法对样本数据进行降维。输入代码如下：

```
iris数据集的维度为: (150, 4)
iris数据集的前5行数据为:
[[5.1 3.5 1.4 0.2]
 [4.9 3.  1.4 0.2]
 [4.7 3.2 1.3 0.2]
 [4.6 3.1 1.5 0.2]
 [5.  3.6 1.4 0.2]]
```

图 2-13　查看 iris 数据集

```
# 导入 PCA
from sklearn.decomposition import PCA
# 指定保留的特征数为 3
pca_num = PCA(n_components=3)
# 训练 PCA 模型
pca_num.fit(X)
# 对样本数据进行降维
X_pca1 = pca_num.transform(X)
# 查看降维结果
print('对 iris 数据集进行指定特征数的降维后的维度为: ', X_pca1.shape)
```

运行代码，将得到图 2-14 所示的结果。

对iris数据集进行指定特征数的降维后的维度为: (150, 3)

图 2-14　查看降维后的维度

从图 2-14 的输出结果可以看出，经过降维后，数据集由原来的 4 维降到了 3 维。查看指定特征数的降维后的数据结果，输入代码如下：

```
print('进行指定特征数降维后，iris 数据集的前 5 行数据为：\n', X_pca1[:5])
```

运行代码，将得到图 2-15 所示的结果。

```
进行指定特征数降维后，iris数据集的前5行数据为：
[[-2.68412563  0.31939725 -0.02791483]
 [-2.71414169 -0.17700123 -0.21046427]
 [-2.88899057 -0.14494943  0.01790026]
 [-2.74534286 -0.31829898  0.03155937]
 [-2.72871654  0.32675451  0.09007924]]
```

图 2-15　查看降维后的数据

对比降维前后的数据输出结果可以看出，通过对数据集原来的特征进行转换，生成了新的"特征"或者成分。PCA 对数据进行降维时，其对主元向量的重要性进行了排序，根据需要取前面最重要的部分，将后面的维数省去，同时最大程度地保留了原有数据的信息。

我们通过 PCA 类的属性 components_ 查看指定特征数的原始特征与 PCA 主成分之间的关系，输入代码如下：

```
import numpy as np
print('进行指定特征数的降维后的最大方差的成分：')
for i in range(pca_num.components_.shape[0]):
    arr = np.around(pca_num.components_[i], 2)
    print('component{0}: {1}'.format((i+1), [x for x in arr]))
```

运行代码，将得到图 2-16 所示的结果。

```
进行指定特征数的降维后的最大方差的成分：
component1: [0.36, -0.08, 0.86, 0.36]
component2: [0.66, 0.73, -0.17, -0.08]
component3: [-0.58, 0.6, 0.08, 0.55]
```

图 2-16　查看原始特征与 PCA 主成分之间的关系

从图 2-16 的输出结果可以看出，在降维后的 3 个 PCA 主成分中，对应的原有的 4 个特征的向量关系。如果某个原始特征对应的数字是正数，说明它和该主成分之间是正相关的关系，如果是负数则相反。

我们还可以通过 PCA 类的属性 explained_variance_ 和 explained_variance_ratio_ 查看指定特征数的降维后的各主成分的方差和方差百分比，输入代码如下：

```
var = np.around(pca_num.explained_variance_, 2)
print('进行指定特征数的降维后的各主成分的方差为：', [x for x in var])
var_ratio = np.round(pca_num.explained_variance_ratio_, 2)
print('进行指定特征数的降维后的各主成分的方差百分比为：', [x for x in var_ratio])
```

运行代码，将得到图 2-17 所示的结果。

```
进行指定特征数的降维后的各主成分的方差为： [4.23, 0.24, 0.08]
进行指定特征数的降维后的各主成分的方差百分比为： [0.92, 0.05, 0.02]
```

图 2-17　查看降维后的各主成分的方差和方差百分比

3．指定方差百分比的降维

使用 PCA 类降维还可以设置特征保留的方差占比，PCA 类自己去根据样本特征方差来决定降维后的特征维度数目，现在我们指定降维后保留的特征方差占比为 0.95。输入代码如下：

```
# 指定保留的方差百分比为 0.95
pca_per = PCA(n_components=0.95)
# 训练 PCA 模型
pca_per.fit(X)
# 对样本数据进行降维
X_pca2 = pca_per.transform(X)
# 查看降维结果
print('对 iris 数据集进行指定方差百分比的降维后的维度为: ', X_pca2.shape)
```

运行代码，将得到图 2-18 所示的结果。

对iris数据集进行指定方差百分比的降维后的维度为： (150, 2)

图 2-18　查看降维后的维度

经过指定方差百分比降维后，数据集由原来的 4 维降到了 2 维，查看指定特征数的降维后的数据结果，输入代码如下：

```
print('进行指定方差百分比的降维后 iris 数据集的前 5 行数据为: \n', X_pca2[:5])
```

运行代码，将得到图 2-19 所示的结果。

```
进行指定方差百分比的降维后iris数据集的前5行数据为：
[[-2.68412563  0.31939725]
 [-2.71414169 -0.17700123]
 [-2.88899057 -0.14494943]
 [-2.74534286 -0.31829898]
 [-2.72871654  0.32675451]]
```

图 2-19　查看降维后的数据

我们通过 PCA 类的属性 components_ 查看指定方差百分比的降维后的原始特征与 PCA 主成分之间的关系，输入代码如下：

```
print('进行指定方差百分比降维后的最大方差的成分: ')
for i in range(pca_per.components_.shape[0]):
    arr = np.around(pca_per.components_[i], 2)
    print('component{0}: {1}'.format((i+1), [x for x in arr]))
```

运行代码，将得到图 2-20 所示的结果。

```
进行指定方差百分比降维后的最大方差的成分：
成分component1: [0.36, -0.08, 0.86, 0.36]
成分component2: [0.66, 0.73, -0.17, -0.08]
```

图 2-20　查看原始特征与 PCA 主成分之间的关系

我们再通过 PCA 类的属性 explained_variance_ 和 explained_variance_ratio_ 查看指定方差百分比的降维后的各主成分的方差值和方差百分比，输入代码如下：

```
var = np.round(pca_per.explained_variance_, 2)
print('进行指定方差百分比的降维后的各主成分的方差为: ', [x for x in var])
var_ratio = np.round(pca_per.explained_variance_ratio_, 2)
print('进行指定方差百分比的降维后的各主成分的方差百分比为: ', [x for x in var_ratio])
```

运行代码，将得到图 2-21 所示的结果。

```
进行指定方差百分比的降维后的各主成分的方差为： [4.23, 0.24]
进行指定方差百分比的降维后的各主成分的方差百分比为： [0.92, 0.05]
```

图 2-21　查看降维后的各主成分的方差值和方差百分比

2.3 项目拓展——红酒数据集拆分、标准化和降维处理

本任务的目标：使用 scikit-learn 内置的红酒（wine）数据集，将该数据集拆分成训练集和测试集，然后对训练集和测试集进行标准化处理，通过降维的方式将 wine 数据集的特征向量降到 2 维，然后将该数据集可视化。

1. 导入 wine 数据集

样本数据使用 wine 数据集。将 wine 数据集从 datasets 模块导入，输入代码如下：

```
# 导入 wine 模块
from sklearn.datasets import load_wine
import numpy as np
# 加载 wine 数据集
wine = load_wine()
# "data"是特征数据
X = wine.data
# "target"是目标变量数据(酒的类别标签)
y = wine.target
# 查看特征数据的维度
print('wine 数据集的维度为: ', X.shape)
# 查看酒的类别
print('wine 数据集的类别标签为: ', np.unique(y))
```

运行代码，将得到图 2-22 所示的结果。

从图 2-22 的输出结果可以看出，该数据集含有 13 个特征向量，一共 178 条记录，标签分为 3 类。

```
wine数据集的维度为： (178, 13)
wine数据集的类别标签为： [0 1 2]
```

图 2-22　查看 wine 数据集

2. 将 wine 数据集拆分为训练集和测试集

使用 model_selection 模块提供的 train_test_split 函数对数据集进行拆分，将导入的 wine 数据集拆分为训练集和测试集。输入代码如下：

```
# 导入数据集拆分工具
from sklearn.model_selection import train_test_split
# 将数据集拆分为训练集和测试集
X_train, X_test, y_train, y_test = train_test_split(X, y, random_state=8)
# 输出训练数据集中特征向量的形态
print('训练集数据维度: ', X_train.shape)
# 输出训练数据集中目标标签的形态
print('训练集标签维度: ', y_train.shape)
# 输出测试数据集中特征向量的形态
print('测试集数据维度: ', X_test.shape)
# 输出测试数据集中特征向量的形态
print('测试集标签维度: ', y_test.shape)
```

运行代码，将得到图 2-23 所示的结果。

从图 2-23 的输出结果可以看到，原有的 178 个数据样本和其标签分别被拆分成了两个部分，训练集样本和其对应的标签数量均为 133 个，而测试集样本和其对应的标签数量均为 45 个。同时，不论是在训练集还是测试集中，特征向量都是 13 个。

```
训练集数据维度：(133, 13)
训练集标签维度：(133,)
测试集数据维度：(45, 13)
测试集标签维度：(45,)
```

图 2-23　查看数据集拆分结果

3. 对数据集进行标准化处理

使用预处理的方式分别对训练集和测试集进行标准化处理，首先对训练集数据使用 StandardScaler 标准化进行拟合，然后分别对训练集数据和测试集数据进行转换。输入代码如下：

```python
# 导入 StandardScaler
from sklearn.preprocessing import StandardScaler
# 对训练集进行拟合
scaler = StandardScaler().fit(X_train)
# 对训练集数据进行转换
X_train_scaled = scaler.transform(X_train)
# 对测试集数据进行转换
X_test_scaled = scaler.transform(X_test)
print('标准化前训练集数据的最小值和最大值：{0}, {1}'.format(X_train.min(),
        X_train.max()))
print('标准化后训练集数据的最小值和最大值：{0:.2f},
        {1:.2f}'.format(X_train_scaled.min(), X_train_scaled.max()))
print('标准化前测试集数据的最小值和最大值：{0}, {1}'.format(X_test.min(),
        X_test.max()))
print('标准化后测试集数据的最小值和最大值：{0:.2f},
        {1:.2f}'.format(X_test_scaled.min(), X_test_scaled.max()))
```

运行代码，将得到图 2-24 所示的结果。

从图 2-24 的输出结果的对比来看，标准化处理前的数据量级差异比较大，经过标准化处理后，数据的量级差别就没有那么大了。

```
标准化前训练集数据的最小值和最大值：0.13, 1680.0
标准化后训练集数据的最小值和最大值：-3.93, 4.46
标准化前测试集数据的最小值和最大值：0.14, 1510.0
标准化后测试集数据的最小值和最大值：-2.60, 3.68
```

图 2-24　查看数据集标准化处理结果

4. 对数据集进行降维处理

现在数据集的特征向量是 13 个，我们使用降维的方式将训练集和测试集的特征向量的维度降到 2 维，以便我们对数据集进行可视化。输入代码如下：

```python
# 导入 PCA
from sklearn.decomposition import PCA
# 设置主成分数量为 2
pca = PCA(n_components=2)
# 对标准化后的训练集进行拟合
pca.fit(X_train_scaled)
# 对标准化后的训练集数据进行降维
X_train_pca = pca.transform(X_train_scaled)
# 对标准化后的测试集数据进行降维
X_test_pca = pca.transform(X_test_scaled)
```

```
print('降维后训练集的维度为: ', X_train_pca.shape)
print('降维后测试集的维度为: ', X_test_pca.shape)
```

运行代码，将得到图 2-25 所示的结果。

从图 2-25 的输出结果可以看到，特征向量已降到 2 维了。

```
降维后训练集的维度为: (133, 2)
降维后测试集的维度为: (45, 2)
```

图 2-25　查看数据集降维处理结果

5. wine 数据集可视化

原先 wine 数据集共有 13 个维度，无法使用可视化将所有的维度都展现出来，现在通过降维的方式将维度降低到了 2 个，我们就可以将数据可视化展现了。输入代码如下：

```python
%matplotlib inline
import numpy as np
import matplotlib.pyplot as plt
plt.rcParams['font.sans-serif'] = ['SimHei']      # 用来正常显示中文标签
plt.rcParams['axes.unicode_minus'] = False        # 用来正常显示负号
# 绘制 wine 数据集图形
plt.figure(figsize=(8, 6))
for i, color, name in zip(np.unique(y), ['white','grey','black'],\
                          wine.target_names):
    # 绘制降维后的训练集样本图形
    plt.scatter(X_train_pca[y_train==i,0], X_train_pca[y_train==i,1],
            c=color, marker='o', edgecolors='k', label='类别'+name+'训练集')
    # 绘制降维后的测试集样本图形
    plt.scatter(X_test_pca[y_test==i,0], X_test_pca[y_test==i,1],
            c=color, marker='*', edgecolors='k', label='类别'+name+'测试集')
plt.xlabel("成分 1")
plt.ylabel("成分 2")
plt.legend(loc='best')
plt.show()
```

运行代码，将得到图 2-26 所示的结果。

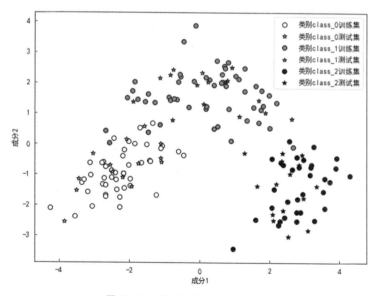

图 2-26　降维后的 wine 数据集

从图 2-26 的输出结果可以看到，我们使用 PCA 类将数据集的特征向量降至 2 维，从而轻松实现了数据可视化，同时不会丢失太多的信息。

2.4　项目小结

本项目主要介绍数据预处理技术，包括数据标准化、数据离差标准化、数据二值化、数据归一化处理、独热编码处理，以及数据降维处理。通过项目实训的方式学习了对数据集的拆分、标准化和降维处理，并进行了可视化。

2.5　习题

1．判断对错。

（1）PCA 是监督学习算法。（　　　）

（2）训练集的数据量越大，模型的泛化能力越好。（　　　）

2．【多选】常见的数据预处理方法有（　　　）。

　　A．标准化　　　　　　　　B．归一化　　　　　　　　C．非线性变换

　　D．二值化　　　　　　　　E．独热编码

3．scikit-learn 提供的用于拆分数据集的函数是（　　　）。

项目3
基于KNN算法的分类模型

项目背景

传统医疗诊断只能通过医生用肉眼去看 X 光、CT（computed tomography）、超声波、磁共振 MR（magnetic resonance）等的影像，并给出诊断结论，这对医生的影像学技术要求非常高，医生难免做出误诊、漏诊。

学习目标

知识目标	1. 掌握 KNN 算法的原理 2. 理解 KNN 算法的流程 3. 理解 KNN 算法的关键
能力目标	1. 能够根据具体应用情景明确问题定义 2. 能够调用 KNN 算法解决分类问题 3. 能够尝试算法参数调优
素质目标	1. 逐步培养分析问题与解决问题的能力 2. 养成规范的编码习惯

3.1 项目知识准备

3.1.1 KNN 算法的原理

KNN 算法也称为 k 最近邻算法，意思是 k 个最近的邻居，从这个名称我们就能大致知道 KNN 算法的原理了。KNN 算法的原理就是，当预测一个新值 x 的时候，根据离它最近的 k 个点的类别来判断 x 属于哪个类别。其核心思想就是比较距离，即离谁近，x 就和谁属于同一类别。

假设有两个类别的数据，分别用小三角形和小正方形表示，图正中间绿色的圆点所标示的数据是待分类的数据，如图 3-1 所示。

思考： 这个圆点所标示的数据应该属于哪个分类呢？

我们根据 KNN 算法的原理来给中间的那个绿色圆点进行分类。假设 k 代表邻居的个数，如图 3-2 所示。

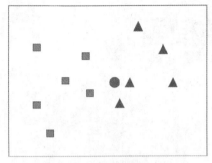

图 3-1　KNN 分类示意

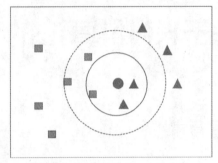

图 3-2　不同 k 值的 KNN 分类

如果 $k=3$，距离圆点最近的 3 个邻居是 2 个三角形和 1 个正方形，少数服从多数，投票决定圆点属于三角形类。

如果 $k=5$，距离圆点最近的 5 个邻居是 2 个三角形和 3 个正方形，还是少数服从多数，投票决定圆点属于正方形类。

由此我们知道，在 KNN 算法中，所选择的邻居都是已经正确分类的对象，对于新来的待分样本，只要找到离它最近的 k 个实例，按照"少数服从多数"的原则，哪个类别多，就把它归为哪一类。

KNN 算法，即给定一个训练数据集，对于新的输入实例，在训练数据集中找到与该实例最近的 k 个实例，这 k 个实例中的多数属于某个类，就把该输入实例分到这个类中。

3.1.2　KNN 算法的流程

根据已知类别的数据集，预测当前数据点的类别，执行以下操作：

（1）计算已知类别数据集中的点与当前点之间的距离。

（2）按照距离递增的次序排序。

（3）选取与当前点距离最短的前 k 个点。

（4）确定前 k 个点所在类别的出现频率。

（5）返回前 k 个点所出现频率最高的类别作为当前点的预测类别。

3.1.3　KNN 算法的关键

k 最近邻算法的思想非常简单，也非常容易理解，我们要想给新来的点进行分类，只要找到离它最近的 k 个实例，这些实例中哪个类别最多即它属于哪个分类。

思考：（1）k 最近邻算法中的 k 值我们应该怎么选取呢？k 为多少效果更好呢？

（2）所谓的最近邻又是如何来判断的呢？

1．k 最近邻算法中 k 的选取

如果我们选取的 k 值较小，容易发生过拟合。

假设我们选取 k=1 这个极端情况，训练数据和待分类数据点如图 3-3 所示。

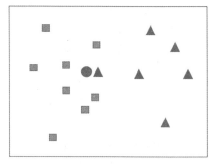

图 3-3 中有两类，一类是三角形，另一类是正方形，圆点是待分类数据点。我们从图 3-3 中能够很容易看出：当 k=1 时，圆点离三角形最近，所以，依据 KNN 算法我们判定待分类数据点属于三角形类。

由这个示例我们看出，如果 k 太小，比如 k=1，很容易学习到噪声，也就非常容易将待分类数据点判定为噪声类别，而忽略数据点的真实分布情况。

图 3-3　选取 k=1

如果 k 大一些，例如，k=7，离圆点最近的 7 个邻居中，正方形有 5 个，少数服从多数，我们判断出圆点属于正方形类。

我们很容易得到正确的分类应该是正方形类，如图 3-4 所示。

如果我们选取的 k 值更大，相当于用较大邻域中的训练数据进行预测，这时与待分类数据点较远的（不相似）训练数据也会对预测起作用，使预测发生错误，k 值的增大意味着整体模型变得简单。

假设选择极端值 k=N（N 为训练数据的个数），那么，我们统计出三角形是 5 个，正方形是 6 个，就会得出圆点属于正方形类的错误结论，如图 3-5 所示。

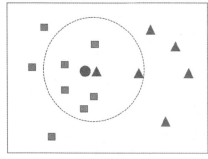

图 3-4　选取 k=7

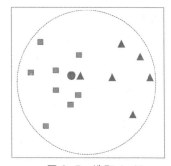

图 3-5　选取 k=N

由图 3-5 我们可以看出：此时的模型非常简单，相当于直接统计各训练数据的类别，找最多的而已，完全忽略了训练数据中的大量有用信息，这是不可取的。

由此可知，选取的 k 值不同，会对结果造成很大的影响，k 值既不能太大，也不能太小。那么我们应该怎么选取 k 值呢？k 取何值为最好？需要通过实验调整参数来确定。

2．距离的度量

k 最近邻算法定义中所说的最近邻是如何度量的呢？

与该实例最近邻的 k 个实例，这个最近邻是通过不同的距离函数来定义的，最常用的是欧式距离函数。

欧式距离就是应用勾股定理计算两个点的直线距离。

二维空间的公式如式（3-1）所示，其中 p 为点（x_1, y_1）与点（x_2, y_2）之间的欧式距离。

$$p = \sqrt{(x_2 - x_1)^2 + (y_2 - y_1)^2} \tag{3-1}$$

N 维空间的公式如式（3-2）所示。

$$d(x,y) = \sqrt{(x_1 - y_1)^2 + (x_2 - y_2)^2 + \cdots + (x_n - y_n)^2} = \sqrt{\sum_{i=1}^{n}(x_i - y_i)^2} \tag{3-2}$$

讨论：

仔细分析，我们发现 KNN 算法的原理在生活中很常见，只不过在生活中的界限比较模糊，以至于准确度很不稳定，而通过加入度量计算的方法和验证其有效性的规则，可以使之成为能计算和测试的算法，从而应用在各个领域。

试分析 KNN 算法的优缺点，还有什么可以改进的地方吗？

3.2　项目实训

3.2.1　KNN 算法完成分类任务

scikit-learn 中内置的一些 API 让我们可以自己动手生成一些数据集。本任务的目标：手动生成有两个类别的数据集，把它作为机器学习的训练数据集，用 KNN 算法进行模型训练，然后对新的未知数据进行分类。

1. 生成训练集

使用 scikit-learn 的 make_blobs 函数生成一个样本量为 200、分类数为 2 的数据集，赋值给 X 和 y，然后调用绘图工具对数据集进行可视化。

```
#导入数据集生成器
from sklearn.datasets import make_blobs
#导入 KNN 分类器
from sklearn.neighbors import KNeighborsClassifier
#导入绘图工具
import matplotlib.pyplot as plt
#导入 numpy
import numpy as np
#导入数据集拆分工具
from sklearn.model_selection import train_test_split
#生成样本数为 200、分类数为 2 的数据集
data = make_blobs(n_samples=200,centers = 2,random_state=8)
#大写的 X 表示数据的特征，小写的 y 表示数据对应的标签
X,y = data
#将生成的数据集进行可视化
plt.scatter(X[:,0],X[:,1],c=y,cmap=plt.cm.autumn,edgecolor='k')
```

运行代码，结果如图 3-6 所示。

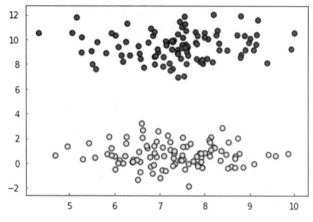

图 3-6　使用 make_blobs 函数生成训练数据集

从图 3-6 可以看出，使用 make_blobs 函数生成的两个类别的数据集，分别用不同的颜色表示，并且已经分好类。

注：其中 plt.scatter 函数中的参数 c 为分类依据，cmap 为着色方案，plt.cm.autumn 函数的作用是在画图时为不同类别的样本分配不同的颜色。

2. 用 KNN 算法拟合这些数据

```
#创建模型
clf = KNeighborsClassifier()
#训练模型
clf.fit(X,y)
```

3. 绘出分类边界，创建分类模型

```
#下面的代码用于画图
x_min,x_max = X[:,0].min()-1,X[:,0].max()+1
y_min,y_max = X[:,1].min()-1,X[:,1].max()+1
#用不同的背景色表示不同的分类
xx,yy = np.meshgrid(np.arange(x_min,x_max,.02),np.arange(y_min,y_max,.02))
Z = clf.predict(np.c_[(xx.ravel(),yy.ravel())]).reshape(xx.shape)
Z = Z.reshape(xx.shape)
plt.pcolormesh(xx,yy,Z,cmap=plt.cm.Pastel1_r)
plt.scatter(X[:,0],X[:,1],c=y,cmap=plt.cm.autumn,edgecolor='k')
plt.xlim(xx.min(),xx.max())
plt.ylim(yy.min(),yy.max())
plt.title("Classifier:KNN")
plt.show()
```

运行代码，结果如图 3-7 所示。

从图 3-7 的输出结果可以看到，KNN 算法基于训练集创建了一个分类模型，由浅色背景区域和深色背景区域组成。如果有新的数据输入，模型会自动将新数据分到对应的分类区域中。

45

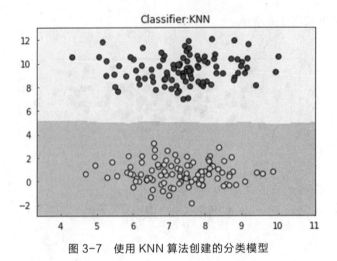

图 3-7　使用 KNN 算法创建的分类模型

4. 新数据分类预测

假设我们有一个数据点(7.75,4.72)，现在来验证模型是否能将它分到正确的分类中。在上面代码的 plt.show()之前加上下面的代码：

```
#把新的数据点用五边形表示出来
plt.scatter(7.75,4.72,marker='p',c='blue',s=200)
```

再次运行代码，分类结果如图 3-8 所示。

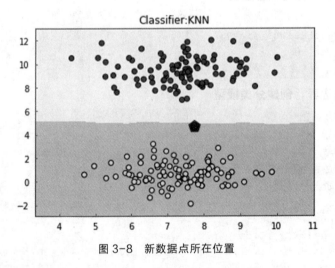

图 3-8　新数据点所在位置

图 3-8 中的五边形代表了新的数据点，观察其所在的位置，可以看到 KNN 算法把它放在了下方区域，即将它和下方黄色数据点归为一类。

5. 验证 KNN 算法的分类结果

```
#对数据点分类进行预测
print('代码运行结果:')
print('================================')
```

```
print('新数据点的分类是:',clf.predict([[7.75,4.72]]))
print('===============================')
```

运行代码，结果如图 3-9 所示。

代码运行结果:
===============================
新数据点的分类是: [1]
===============================

图 3-9　新数据点的分类类别

从图 3-9 所示的输出结果看，KNN 算法的分类还是很不错的，不过也可能是因为这次的任务太简单了。

3.2.2　KNN 算法实战——酒的分类

scikit-learn 的 datasets 模块内置了一些数据集，本任务的目标：使用 scikit-learn 内置的 wine 数据集作为训练数据集，用 KNN 算法进行模型训练，然后对新的未知数据进行分类。

1. 数据集探索

```
#导入 wine 模块
from sklearn.datasets import load_wine
#导入 wine 数据集
wine_dataset = load_wine()
#导入数据集拆分工具
from sklearn.model_selection import train_test_split
#查看 wine 数据集的结构
wine_dataset.keys()
```

运行代码，结果如图 3-10 所示。

dict_keys(['data', 'target', 'target_names', 'DESCR', 'feature_names'])

图 3-10　wine 数据集的结构

从图 3-10 的输出结果可以看到，wine 数据集中包括数据"data"，目标分类"target"，目标分类名称"target_names"，数据描述"DESCR"，以及特征变量的名称"feature_names"。

```
#查看 wine 数据集特征数据的形状
wine_dataset['data'].shape
```

运行代码，结果如图 3-11 所示。

(178, 13)

图 3-11　wine 数据集特征数据的形状

从图 3-11 的输出结果可以看到，数据集共有 178 个实例，每个实例有 13 个特征。

```
#查看 wine 数据集特征的数据描述
print(wine_dataset['DESCR'])
```

运行代码，我们会看到一段很长的描述，如图 3-12 所示。

```
.. _wine_dataset:

Wine recognition dataset

**Data Set Characteristics:**

    :Number of Instances: 178 (50 in each of three classes)
    :Number of Attributes: 13 numeric, predictive attributes and the class
    :Attribute Information:
                - Alcohol
                - Malic acid
                - Ash
                - Alcalinity of ash
                - Magnesium
                - Total phenols
                - Flavanoids
                - Nonflavanoid phenols
                - Proanthocyanins
                - Color intensity
                - Hue
                - OD280/OD315 of diluted wines
                - Proline

    - class:
            - class_0
            - class_1
            - class_2

    :Summary Statistics:

    ============================= ==== ==== ======= =====
                                   Min  Max   Mean    SD
    ============================= ==== ==== ======= =====
    Alcohol:                      11.0 14.8   13.0   0.8
    Malic Acid:                   0.74 5.80   2.34   1.12
    Ash:                          1.36 3.23   2.36   0.27
    Alcalinity of Ash:            10.6 30.0   19.5   3.3
    Magnesium:                    70.0 162.0  99.7   14.3
    Total Phenols:                0.98 3.88   2.29   0.63
    Flavanoids:                   0.34 5.08   2.03   1.00
    Nonflavanoid Phenols:         0.13 0.66   0.36   0.12
    Proanthocyanins:              0.41 3.58   1.59   0.57
    Colour Intensity:              1.3 13.0    5.1   2.3
    Hue:                          0.48 1.71   0.96   0.23
    OD280/OD315 of diluted wines: 1.27 4.00   2.61   0.71
    Proline:                       278 1680    746   315
    ============================= ==== ==== ======= =====

    :Missing Attribute Values: None
    :Class Distribution: class_0 (59), class_1 (71), class_2 (48)
```

图 3-12　wine 数据集的描述（部分）

从图 3-12 的描述中我们可以看出，wine 数据集中的 178 个样本被分为 3 个类别，分别是 class_0、class_1 和 class_2。其中 class_0 中包含 59 个样本，class_1 中包含 71 个样本，class_2 中包含 48 个样本。13 个特征变量，分别是酒精含量（Alcohol）、苹果酸（Malic Acid）、镁含量（Magnesium）、花青素含量（Proanthocyanins）、色彩饱和度（Colour Intensity）等。

2. 拆分数据集

在创建一个能够自动对酒进行分类的机器学习算法模型之前，要能够对模型的可信度进行评估，否则我们无法知道它对于新的酒所进行的分类是否准确。所以，我们要把数据集分为训练集和测试集两部分。在 scikit-learn 中，有一个 train_test_split 函数，它是用来拆分数据集的工具。其工作原理为：train_test_split 函数将数据集进行随机排列，默认将数据集中 75% 的数据及所对应的标签划分到训练集，将其余 25% 的数据和所对应的标签划分到测试集。

```
#将数据集拆分为训练集和测试集
X_train,X_test,y_train,y_test=train_test_split(wine_dataset['data'],
                                                wine_dataset['target'],
                                                random_state=0)
```

现在，我们已经完成了 wine 数据集的拆分。在上述代码中，有一个参数 random_state，是随机数种子。train_test_split 函数会生成一个伪随机数，并根据这个伪随机数对数据集进行拆分。而我们有时候需要在一个项目中让多次生成的伪随机数相同，方法就是固定 random_state 参数的值。相同的 random_state 参数值会生成相同的伪随机数，但当未指定时，每次生成的伪随机数不同。

下面看看拆分后的数据集的概况。

```
print("拆分后数据集的形状：")
print("==============================\n")
#输出训练集中特征的形状
print('X_train shape:{}'.format(X_train.shape) )
#输出测试集中特征的形状
print('X_test shape:{}'.format(X_test.shape) )
#输出训练集中目标的形状
print('y_train shape:{}'.format(y_train.shape) )
#输出测试集中目标的形状
print('y_test shape:{}'.format(y_test.shape) )
print("\n==============================")
```

运行代码，结果如图 3-13 所示。

从图 3-13 的输出结果我们可以看到，训练集和其对应的标签数量均为 133 个，约占样本总量的 74.7%；测试集和其对应的标签数量为 45，约占样本总量的 25.3%。同时，无论在训练集中还是在测试集中，特征变量都是 13 个。

```
拆分后数据集的形状：
==============================

X_train shape:(133, 13)
X_test shape:(45, 13)
y_train shape:(133,)
y_test shape:(45,)


==============================
```

图 3-13　拆分后的训练集和测试集形状

3. 用 KNN 算法拟合训练数据

```
#导入 KNN 算法分类模型
from sklearn.neighbors import KNeighborsClassifier
#指定模型的 n_neighbors 参数值为 1
knn = KNeighborsClassifier(n_neighbors = 1)
```

我们给 KNeighborsClassifier 指定了一个参数，n_neighbors = 1。对于 KNeighborsClassifier 类来说，最关键的参数就是最近邻的数量，也就是 n_neighbors。

接着我们使用 knn 的 fit 方法（称为拟合）进行建模，建模的依据就是训练集中的样本数据 X_train 和其对应的标签 y_train。

```
knn.fit(X_train,y_train)
```

运行代码，结果如图 3-14 所示。

```
KNeighborsClassifier(n_neighbors=1)
```

图 3-14　程序返回的模型参数

从图 3-14 的输出结果我们可以看到，knn 的拟合方法把自身作为结果返回，从结果中我们能够看到模型全部的参数设定。

4．使用模型对新样本的分类进行预测

现在我们可以使用刚刚训练好的模型对新的样本分类进行预测了。在此之前，我们可以用测试集对模型进行评分，这也是我们创建测试集的目的。测试集数据不参与建模，我们可以用模型对测试集数据进行分类，然后和测试集中的样本实际分类进行对比，看吻合度有多高。吻合度越高，模型的得分越高，说明模型的预测越准确，满分是 1.0。

```
#输出模型得分
print("==============================\n")
print('测试集得分: {:.2f}'.format(knn.score(X_test,y_test)))
print("==============================\n")
```

运行代码，结果如图 3-15 所示。

```
==============================
测试集得分: 0.76
==============================
```

图 3-15　在测试集中的模型得分

我们可以看到，这个模型在预测测试集的样本分类上得分并不高，只有 0.76，也就是说模型对新的样本做出正确分类预测的概率是 76%。这个结果不尽如人意，不过目前我们只是演示 k 最近邻算法的应用，可以先不计较得分问题。

3.3　项目拓展——辅助诊断乳腺肿瘤

本任务的目标：使用 scikit-learn 内置的乳腺癌（breast_cancer）数据集，用 KNN 算法进行分类，判断乳腺肿瘤是良性还是恶性，并尝试调整模型的参数。

1．数据集探索

```
#导入 breast_cancer 模块
from sklearn.datasets import load_breast_cancer
#从 sklearn 的 datasets 模块载入数据集
cancer = load_breast_cancer()
#输出 breast_cancer 数据集中的键
cancer.keys()
```

运行代码，结果如图 3-16 所示。

```
dict_keys(['data', 'target', 'target_names', 'DESCR', 'feature_names', 'filename'])
```

图 3-16　乳腺癌数据集中的键

```
#输出数据的概况
cancer['data'].shape
```

运行代码，结果如图 3-17 所示。

```
(569,30)
```

图 3-17　乳腺癌数据集的形状

```
#输出 breast_cancer 数据集中的描述
print(cancer['DESCR'])
```

运行代码，结果如图 3-18 所示。

```
Breast cancer wisconsin (diagnostic) dataset
--------------------------------------------

**Data Set Characteristics:**

    :Number of Instances: 569

    :Number of Attributes: 30 numeric, predictive attributes and the class

    :Attribute Information:
        - radius (mean of distances from center to points on the perimeter)
        - texture (standard deviation of gray-scale values)
        - perimeter
        - area
        - smoothness (local variation in radius lengths)
        - compactness (perimeter^2 / area - 1.0)
        - concavity (severity of concave portions of the contour)
        - concave points (number of concave portions of the contour)
        - symmetry
        - fractal dimension ("coastline approximation" - 1)
```

（a）描述 1

```
    The mean, standard error, and "worst" or largest (mean of the three
    worst/largest values) of these features were computed for each image,
    resulting in 30 features.  For instance, field 0 is Mean Radius, field
    10 is Radius SE, field 20 is Worst Radius.

    - class:
        - WDBC-Malignant
        - WDBC-Benign

    :Summary Statistics:

    ===================================== ====== ======
                                          Min    Max
    ===================================== ====== ======
    radius (mean):                        6.981  28.11
    texture (mean):                       9.71   39.28
    perimeter (mean):                     43.79  188.5
    area (mean):                          143.5  2501.0
    smoothness (mean):                    0.053  0.163
    compactness (mean):                   0.019  0.345
    concavity (mean):                     0.0    0.427
    concave points (mean):                0.0    0.201
    symmetry (mean):                      0.106  0.304
    fractal dimension (mean):             0.05   0.097
    radius (standard error):              0.112  2.873
    texture (standard error):             0.36   4.885
    perimeter (standard error):           0.757  21.98
    area (standard error):                6.802  542.2
    smoothness (standard error):          0.002  0.031
    compactness (standard error):         0.002  0.135
    concavity (standard error):           0.0    0.396
    concave points (standard error):      0.0    0.053
    symmetry (standard error):            0.008  0.079
    fractal dimension (standard error):   0.001  0.03
    radius (worst):                       7.93   36.04
    texture (worst):                      12.02  49.54
    perimeter (worst):                    50.41  251.2
    area (worst):                         185.2  4254.0
    smoothness (worst):                   0.071  0.223
    compactness (worst):                  0.027  1.058
    concavity (worst):                    0.0    1.252
    concave points (worst):               0.0    0.291
    symmetry (worst):                     0.156  0.664
    fractal dimension (worst):            0.055  0.208
    ===================================== ====== ======

    :Missing Attribute Values: None

    :Class Distribution: 212 - Malignant, 357 - Benign
```

（b）描述 2

图 3-18　乳腺癌数据集的描述

从图 3-18 的运行结果中我们可以看出，breast_cancer 数据集中的 569 个样本被归入 2 个类别中，分别是 WDBC-Malignant（恶性的）、WDBC-Benign（良性的）。其中 Malignant 中包含 212 个样本，Benign 中包含 357 个样本。

2．数据集拆分

```
#导入数据集拆分工具
from sklearn.model_selection import train_test_split
X_train, X_test, y_train, y_test = train_test_split(cancer.data, cancer.target,
                                                    stratify=cancer.target,
                                                    random_state=66)
```

3．用 KNN 算法拟合训练数据

```
from sklearn.neighbors import KNeighborsClassifier
training_score = []
test_score = []
# n_neighbors 取值为从 1 到 10
neighbors_settings = range(1, 11)
for n_neighbors in neighbors_settings:
    # 构建模型
    clf = KNeighborsClassifier(n_neighbors=n_neighbors)
    #训练模型
    clf.fit(X_train, y_train)
    # 记录训练集评分
    training_score.append(clf.score(X_train, y_train))
    # 记录测试集评分
    test_score.append(clf.score(X_test, y_test))
```

我们设置 k 最近邻算法最关键的参数 n_neighbors 的值为从 1 到 10，并记录 n_neighbors 的值为从 1 到 10 时对应的训练集的评分（保存在数组 training_score 中）和测试集的评分（保存在数组 test_score 中）。

4．可视化训练集准确率和测试集准确率

```
import matplotlib.pyplot as plt
plt.plot(neighbors_settings, training_score, label="training score")
plt.plot(neighbors_settings, test_score, label="test score")
plt.ylabel("score")
plt.xlabel("n_neighbors")
plt.legend()
```

运行代码，结果如图 3-19 所示。

从图 3-19 可以看出，选择 k 值，并不是越大越好，也不是越小越好，这里选择的就是 $k=6$。我们要根据训练的一些参数曲线，去调整模型的参数。

KNN 算法不仅可以用于分类，还可以用于回归。通过找出一个样本的 k 个最近邻居，将这些邻居的属性的平均值赋给该样本，就可以得到该样本的属性。

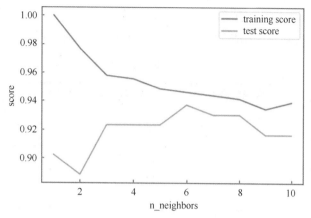

图 3-19　n_neighbors 的值为从 1 到 10 时训练集和测试集的得分

3.4　项目小结

　　本项目主要介绍了 KNN 算法的原理、KNN 算法的流程、KNN 算法的关键。通过项目实训讲解了用 KNN 算法完成分类任务，并进一步讲解了辅助诊断乳腺肿瘤，学习调整模型的参数 k。可帮助读者掌握 KNN 算法的原理，了解 KNN 算法的流程、KNN 算法的关键，掌握调用 KNN 算法完成分类任务，并尝试调整模型的参数。

　　科学通过求真可以达到求美、求善，我们应把追求真善美的统一作为自己的最高价值准则。

3.5　习题

　　1．判断对错。

　　（1）KNN 算法中的 k 值最好是奇数。（　　　）

　　（2）KNN 算法中的 k 值越大越好。（　　　）

　　2．试分析如何判断图 3-20 所示的圆点的类别是三角形还是正方形。

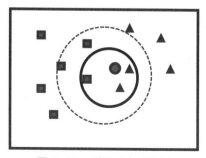

图 3-20　判断圆点的类别

3. 表 3-1 给出了一组鸢尾花花瓣长度（cm）、花瓣宽度（cm）和花的类别标签数据，请利用 KNN 算法判断花瓣长度和宽度分别为 3.3 和 1 的鸢尾花的类别。

表 3-1 鸢尾花数据表

序号	花瓣长度（cm）	花瓣宽度（cm）	类别
1	1.4	0.2	setosa
2	1.7	0.4	setosa
3	1.4	0.3	setosa
4	1.5	0.2	setosa
5	1.4	0.1	setosa
6	4.7	1.4	versicolor
7	4.5	1.5	versicolor
8	4.9	1.5	versicolor
9	4	1.3	versicolor
10	4.6	1.5	versicolor

项目4

基于线性回归算法的预测模型

04

项目背景

    小明最近想买房，但房价时涨时跌，不知道在什么价位买比较合适。于是他准备做一个房屋价格的评估系统，这样就可以根据所在城市各区以往的房价信息，预测自己打算购买的房屋的价格了，从而帮助自己选到价位合适的房屋。

学习目标

知识目标	1. 掌握线性回归算法的原理和训练方法 2. 理解损失函数 3. 掌握岭回归模型的训练方法 4. 掌握套索回归模型的训练方法
能力目标	1. 能够根据具体应用情景明确问题定义 2. 能够调用线性模型解决回归问题 3. 能够尝试算法参数调优
素质目标	1. 理解线性回归模型，尝试使用线性回归模型解决现实问题 2. 养成规范的编码习惯

4.1 项目知识准备

4.1.1 什么是线性回归

    一套房子的价值取决于很多因素，比如面积、房间的数量（几室几厅）、地段、朝向等。为了简单，我们假设房屋价格受一个变量影响，就是房屋的面积。现在有一个包括了房屋面积和对应价格的数据的表格，如表 4-1 所示。

表 4-1 房屋面积-价格表

面积/m²	价格/万元
123	250
150	320
87	160
102	220
96	200
65	130

思考： 现在我们知道一套房屋的面积，那么如何评估它的价格？

首先，我们可以根据上表的数据，做出一个房屋面积-价格图。x 轴表示面积，y 轴表示房价，房屋面积-价格图如图 4-1 所示。

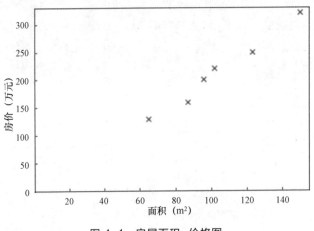

图 4-1 房屋面积-价格图

然后，我们可以用一条曲线去尽量准确地拟合这些数据。如果我们用一条直线去拟合，可能得到图 4-2 所示的样子。

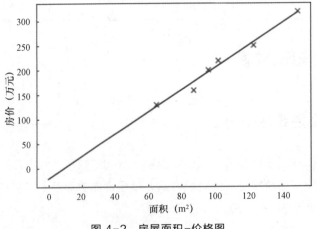

图 4-2 房屋面积-价格图

这样，如果有新的房屋面积数据 x，我们可以找到这条直线上 x 对应的 y 值，并将其作为房屋价格的预测值。

上述直线的方程就是我们熟悉的 $y=kx+b$，也是一个简单的线性回归模型的方程，它只有一个特征变量 x，k 是直线的斜率，b 是 y 坐标偏移量（即截距）。

1. 什么是回归

在监督学习中，如果预测的变量是离散的，我们称之为分类；如果预测的变量是连续的，我们称之为回归。

回归与分类的区别如图 4-3 所示。

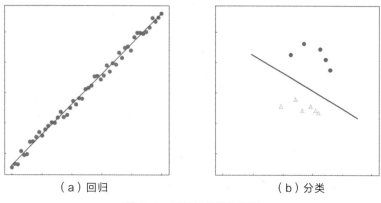

（a）回归　　　　　　　　　　　　　（b）分类

图 4-3　回归与分类的区别

回归的目的是预测，比如预测明天的气温、预测股票的走势等。回归之所以能预测是因为它通过历史数据，创建了一个模型，然后通过这个模型来预测未来的结果。

2. 线性回归

线性回归本来是统计学里的概念，现在经常被用在机器学习中。线性回归是回归问题中的一种，线性回归假设目标值与特征之间线性相关，即满足一个多元一次方程。

二维空间中，通过拟合一条直线来建立自变量和因变量之间的关系，在三维空间中则拟合一个平面。多元回归模型用线性函数表示如式（4-1）所示。

$$f(x) = w_1x + w_2x_2 + \cdots + w_dx_d + b \qquad (4\text{-}1)$$

$x =(x_1, x_2, \cdots, x_d)$ 表示样本，d 表示每个样本都有 d 个特征，其中 x_i 是 x 在第 i 个特征上的取值。

它的向量形式如式（4-2）所示。

$$f(x) = w^Tx + b \qquad (4\text{-}2)$$

其中，$w = (w_1; w_2; \cdots; w_d)$。$w$ 和 b 为模型的参数，w 代表每个特征的权重，当然，w 也可以是负数；b 为偏置。

线性回归模型的目标就是寻找一组的"最佳"的 w 和 b，使得对于每一个 x_i 值，线性回归模型计算值 $f(x_i)$ 和真实值 y_i 尽可能地贴近。

线性回归也称为最小二乘法，是最基本的线性模型之一。值得注意的是：线性模型并不是特指某一个模型，而是一类模型。在机器学习领域，常用的线性模型包括线性回归模型、岭回归模型和套索回归模型等。

4.1.2 损失函数

线性回归就是要找一条直线，并且让这条直线尽可能地拟合图中的数据点。那么，对于前文的房价评估模型，拟合直线可能是 y1、y2 或者是 y3，如图 4-4 所示。

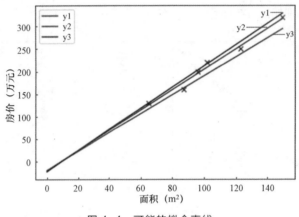

图 4-4　可能的拟合直线

思考：哪条直线才是最好的？

答案：实际房价和我们找出的直线根据房子面积预测出来的房价之间的差距最小的那条直线。

我们把所有实际房价和预测出来的房价的差距（距离）计算出来然后求和，就能量化我们预测的房价和实际房价之间的误差。

线性回归的原理是，找到当训练数据集中 y 的预测值和其真实值的平方差最小的时候，所对应的 w 值和 b 值。

针对任何模型求解问题，最终都可以得到一组预测值 $\hat{y}$，对比已有的真实值 y，数据行数为 n，损失函数定义如式（4-3）所示：

$$L = \frac{1}{n}\sum_{i=1}^{n}(\hat{y}_i - y_i)^2 \qquad (4\text{-}3)$$

通过构建损失函数，可求解损失函数最小时的参数 w 和 b。均方差损失函数是回归问题常用的损失函数之一。

4.1.3 岭回归模型

1. 岭回归模型的原理

岭回归模型是一种改良的最小二乘法，是一种能够避免过拟合的线性模型。

在岭回归模型中，模型会保留所有的特征变量，但会减小特征变量的系数，让特征变量对预测结果的影响变小。

岭回归模型通过改变其 alpha 参数来控制减小特征变量系统的程度。这种通过保留全部特征变量，只降低特征变量的系数来避免过拟合的方法，称为 L2 正则化。

2. 岭回归模型的参数调节

岭回归模型是在模型的简单性（使系数趋近于零）和它在训练集上的性能之间取得平衡的一种模型。

在岭回归模型中，默认参数 alpha=1。alpha 的最佳设置取决于我们使用的特定数据集。

增加 alpha 值，会降低特征变量的系数，使其趋于 0，从而降低在训练集的性能，但更有助于泛化。

降低 alpha 值，会让特征变量的系数的限制变得不那么严格，如果用一个非常小的 alpha 值，那么系数的限制几乎可以忽略不计，得到的结果也会非常接近线性回归模型。

岭回归模型的 alpha 值和权重系数的关系如图 4-5 所示。

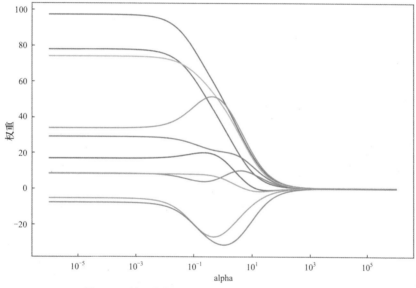

图 4-5　岭回归模型的 alpha 值和权重系数的关系

从图 4-5 可以看出，alpha 值越高，代表算法对模型的正则化力度越大，权重系数会越小，最终趋近于 0；反之，alpha 值越小，正则化力度越小，权重系数会越大，越趋近于普通的线性回归模型的权重系数。

4.1.4　套索回归模型

1. 套索回归模型的原理

和岭回归模型一样，套索回归模型也会将系数限制在非常接近 0 的范围内，但其进行限制的方式稍有不同，它使用的是 L1 正则化。L1 正则化会导致在使用套索回归的时候，有一部分特征变量的系数正好等于 0。

把一部分系数变成 0 有助于模型更容易理解，而且可以突出体现模型中最重要的那些特征。

2. 套索回归模型的参数调节

与岭回归模型类似，套索回归模型也有一个正则化参数 alpha，用来控制特征变量系数被约束到 0 的程度。

降低 alpha 值可以拟合出更复杂的模型，从而在训练集和测试集都能获得良好表现。但 alpha 值设置得太小，就等于去除了正则化的效果，使得该模型就会像线性回归模型一样，会出现过拟合的问题。

一般来说，如果数据集有很多特征，而这些特征并不是每一个都对结果有重要的影响，那么应该使用 L1 正则化模型，即套索回归模型；如果数据集的特征本来就不多，而且每一个都很重要，那么应该使用 L2 正则化的模型，即岭回归模型。

4.2 项目实训

4.2.1 线性回归模型的应用

本任务的目标是：调用线性回归算法拟合生成的数据，得到线性方程。

1. 生成用于回归分析的有 1 个特征的数据集

```python
import numpy as np
import matplotlib.pyplot as plt
#导入回归数据生成器
from sklearn.datasets import make_regression
#导入线性回归模型
from sklearn.linear_model import LinearRegression
#导入均方误差评估模块
from sklearn.metrics import mean_squared_error
#生成用于回归分析的数据集
X,y = make_regression(n_samples=50,n_features=1,n_informative=1,
random_state=3,noise=50)
```

2. 使用线性回归模型对数据进行拟合

```python
#使用线性回归模型对数据进行拟合
lr = LinearRegression()
lr.fit(X,y)
```

3. 画出线性回归模型的图形

```python
#z 是我们生成的等差数列，用来画出线性模型的图形
z = np.linspace(-3,3,100).reshape(-1,1)
plt.scatter(X,y,c='b',s=60)
plt.plot(z,lr.predict(z),c='purple')
# 默认不支持中文
# 修改 RC 参数，来让其支持中文
plt.rcParams['font.sans-serif'] = ['SimHei']
plt.rcParams['axes.unicode_minus'] = False
plt.title('线性回归')
```

运行代码，结果如图 4-6 所示。

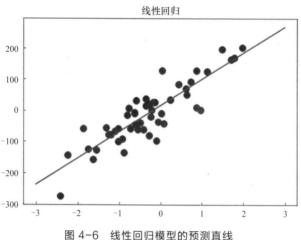

图 4-6　线性回归模型的预测直线

4．输出线性回归模型的系数、截距和方程

```
print('代码运行结果: \n')
print('==============================')
print('直线的斜率是:{:.2f}'.format(lr.coef_[0]))
print('直线的截距是: {:.2f}'.format(lr.intercept_))
print('直线方程为: y = {:.2f}'.format(lr.coef_[0]),'x','+ {:.2f}'.format
    (lr.intercept_))
print('==============================')
```

coef_和 intercept_这两个属性非常特殊，它们都以"_"结尾，以便与由用户设置的参数区分开。coef_属性用以获取模型的系数（即直线的斜率），intercept_用以获取模型的截距（即直线的截距）。运行代码，结果如图 4-7 所示。

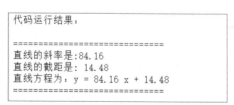

图 4-7　线性模型的斜率、截距和方程

从图 4-7 可以看到，我们手动生成的数据集中，线性回归模型的方程是 $y = 84.16x + 14.48$，这条直线是距离 50 个数据点的距离之和最小的。这就是一般线性回归模型的原理。

用于回归分析的线性回归模型在特征数为 1 的数据集中，是用一条直线来进行预测分析；当特征数为 2 时，则是一个平面；对于有更多特征数的数据集来说，则是一个高维度的超平面。

5．生成用于回归分析的有 2 个特征的数据集

```
#导入数据集拆分工具
from sklearn.model_selection import train_test_split
#生成用于回归分析的有 2 个特征的数据集
```

```
X,y = make_regression(n_samples=100,n_features=2,n_informative=2,
                      random_state=38)
```

6. 使用线性回归模型对数据进行拟合,并输出线性回归模型的系数、截距

```
#拆分数据
X_train,X_test,y_train,y_test = train_test_split(X,y,random_state=8)
#训练数据
lr2 = LinearRegression().fit(X_train,y_train)
#预测数据
y_predict = lr2.predict(X_test)

print('')
print('==============================')
print('lr.coef_:{}'.format(lr2.coef_[:]))
print('lr.intercept_: {}'.format(lr.intercept_))
print('==============================')
```

运行代码,结果如图 4-8 所示。

```
==============================
lr2.coef_:[68.16282456  5.55615953]
lr2.intercept_: 14.475840238473038
==============================
```

图 4-8　线性回归模型的系数和截距

coef_属性是一个 NumPy 数组,每个特征对应数组中的一个数据,由于我们这次生成的数据集中的数据有 2 个特征,所以 lr2.coef_是一个二维数组。本例中线性回归模型的方程可表示为:

$$y = 68.16x_1 + 5.56x_2 + 14.48$$

7. 线性回归模型的性能评估

线性回归模型尽量让该损失函数最小,评估模型也可以用它来进行。均方误差可以评价数据的变化程度,均方误差的值越小,说明预测模型描述实验数据具有精确度越高。

```
#均方误差评估
mse = mean_squared_error(y_test, y_predict)
print('')
print('==============================')
print("均方误差为: \n", mse)
print('==============================')
```

运行代码,结果如图 4-9 所示。

```
==============================
均方误差为:
5.566044775058415e-28
==============================
```

图 4-9　线性回归模型的均方误差

由图 4-9 可以看出,线性回归模型的均方误差比较小,这是因为我们生成的数据集没有噪声。现实世界的数据集往往特征更多、噪声更多,会给线性回归模型带来不少的干扰。

4.2.2 波士顿房价预测

本任务的目标是：使用 scikit-learn 内置的波士顿房价数据集作为训练数据集，用线性回归模型对数据进行拟合，对房价进行预测，并绘制真实房价与预测房价走势图。

1. 数据集探索

```
#导入波士顿房价模块
from sklearn.datasets import load_boston
#导入 boston 数据集
boston = load_boston()
#输出 boston 数据集中的键
boston.keys()
```

运行代码，结果如图 4-10 所示。

```
dict_keys(['data', 'target', 'feature_names', 'DESCR', 'filename'])
```

图 4-10 boston 数据集中的键

```
#输出数据的概况
boston['data'].shape
```

运行代码，结果如图 4-11 所示。

```
(506, 13)
```

图 4-11 boston 数据集的形状

```
#输出 boston 数据集中的描述
print(boston['DESCR'])
```

运行代码，结果如图 4-12 所示。

```
.. _boston_dataset:

Boston house prices dataset
---------------------------

**Data Set Characteristics:**

    :Number of Instances: 506

    :Number of Attributes: 13 numeric/categorical predictive. Median Value (attribute 14) is usually the target.

    :Attribute Information (in order):
        - CRIM     per capita crime rate by town
        - ZN       proportion of residential land zoned for lots over 25,000 sq.ft.
        - INDUS    proportion of non-retail business acres per town
        - CHAS     Charles River dummy variable (= 1 if tract bounds river; 0 otherwise)
        - NOX      nitric oxides concentration (parts per 10 million)
        - RM       average number of rooms per dwelling
        - AGE      proportion of owner-occupied units built prior to 1940
        - DIS      weighted distances to five Boston employment centres
        - RAD      index of accessibility to radial highways
        - TAX      full-value property-tax rate per $10,000
        - PTRATIO  pupil-teacher ratio by town
        - B        1000(Bk - 0.63)^2 where Bk is the proportion of blacks by town
        - LSTAT    % lower status of the population
        - MEDV     Median value of owner-occupied homes in $1000's

    :Missing Attribute Values: None

    :Creator: Harrison, D. and Rubinfeld, D.L.
```

图 4-12 boston 数据集的描述

63

从图 4-12 的运行结果可以看出，boston 数据集中有 506 个样本，每个样本有 14 个特征，其中前 13 个是特征变量，最后的"MEDV（房价中位数）"是目标变量。

2. 用线性回归模型拟合数据并进行预测

```python
#导入数据集拆分工具
from sklearn.model_selection import train_test_split
#将数据集拆分为训练集和测试集
X_train, X_test, y_train, y_test = train_test_split(boston.data,
                                                    boston.target,
                                                    random_state=36)

#构建模型
lr_boston = LinearRegression()
#训练模型
lr_boston.fit(X_train, y_train)
#预测数据
y_predict = lr_boston.predict(X_test)
```

3. 对模型进行评估

使用均方误差来对模型进行性能评估。

```python
#导入均方误差评估模块
from sklearn.metrics import mean_squared_error
#均方误差评估
mse = mean_squared_error(y_test, y_predict)
print("线性回归模型的均方误差为: \n", mse)
```

运行代码，结果如图 4-13 所示。

```
线性回归模型的均方误差为：
24.004430052241922
```

图 4-13　线性回归模型的均方误差

4. 输出线性回归模型的系数和偏置

```python
print('')
print('==============================')
print('lr_boston.coef_:{}'.format(lr_boston.coef_[:]))
print('lr_boston.intercept_: {}'.format(lr_boston.intercept_))
print('==============================')
```

运行代码，结果如图 4-14 所示。

```
==============================
lr_boston.coef_:[-9.97859985e-02  4.36000046e-02  3.83811635e-02  3.45187835e+00
 -1.64404146e+01  3.96312862e+00 -7.41840830e-03 -1.50795571e+00
  2.60346433e-01 -1.07545027e-02 -9.71955449e-01  1.17777648e-02
 -5.40689068e-01]
lr_boston.intercept_: 34.67625828318796
==============================
```

图 4-14　boston 线性回归模型的系数和偏置

5. 绘制波士顿真实房价与预测房价走势图

```python
# 创建画布
plt.figure()
```

```
# 默认不支持中文
# 修改 RC 参数，来让其支持中文
plt.rcParams['font.sans-serif'] = 'SimHei'
plt.rcParams['axes.unicode_minus'] = False
#绘图
x = np.arange(1, y_predict.shape[0] + 1)
# 真实值的走势
plt.plot(x, y_test, marker="o", linestyle=":", markersize=5)
# 预测值的走势
plt.plot(x, y_predict, marker="*", markersize=5)
# 添加图例
plt.legend(["真实房价", "预测房价"])
# 添加标题
plt.title("波士顿真实房价与预测房价走势图")
#展示
plt.show()
```

运行代码，结果如图 4-15 所示。

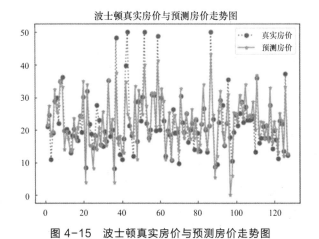

图 4-15　波士顿真实房价与预测房价走势图

4.2.3　岭回归模型的应用

本任务的目标是：继续使用波士顿房价数据集，这次使用岭回归模型对数据进行拟合。

```
#导入岭回归模型
from sklearn.linear_model import Ridge
#使用岭回归模型对数据进行拟合
ridge = Ridge(alpha=1.0)
#训练数据
ridge.fit(X_train, y_train)
#预测数据
y_predict_ridge = ridge.predict(X_test)

print('')
```

```
print('=============================')
print('ridge.coef_:{}'.format(ridge.coef_[:]))
print('ridge.intercept_: {}'.format(ridge.intercept_))
print('=============================')
```

运行代码，得到岭回归模型的系数和偏置，如图 4-16 所示。从图 4-16 可以看到，相较于线性回归模型，岭回归模型的系数都比较小，有的非常接近于 0。

```
=============================
ridge.coef_:[-0.0953679   0.04589527  0.01069857  3.07060892 -8.77412032  3.98898723
 -0.01323409 -1.39995633  0.24580113 -0.0116064  -0.88526616  0.01204574
 -0.5596903 ]
ridge.intercept_: 29.558076258955204
=============================
```

图 4-16　岭回归模型的系数和偏置

```
#岭回归模型的均方误差
mse_rid = mean_squared_error(y_test, y_predict_ridge)
print("岭回归模型的均方误差为: \n", mse_rid)
```

运行代码，得到岭回归模型的均方误差，如图 4-17 所示。

```
岭回归模型的均方误差为：
24.343021993564516
```

图 4-17　岭回归模型的均方误差

4.2.4　套索回归模型的应用

本任务的目标是：继续使用波士顿房价数据集，这次使用套索回归模型对数据进行拟合。

```
#导入套索回归模型
from sklearn.linear_model import Lasso
#使用套索回归模型对数据进行拟合
lasso = Lasso()
lasso.fit(X_train, y_train)
y_predict = lasso.predict(X_test)

print('')
print('=============================')
print('lasso.coef_:{}'.format(lasso.coef_[:]))
print('lasso.intercept_: {}'.format(lasso.intercept_))
print('=============================')
```

运行代码，得到套索回归模型的系数和偏置，如图 4-18 所示。从图 4-18 可以看到，相较于线性回归模型，套索回归模型的系数都比较小，并且有 3 个系数直接等于 0。

```
=============================
lasso.coef_:[-0.05667701  0.04951008  0.         0.        -0.         0.90690771
  0.015408   -0.78938302  0.20376589 -0.01209622 -0.75278709  0.00998691
 -0.80797632]
lasso.intercept_: 41.95188297539425
=============================
```

图 4-18　套索回归模型的系数和偏置

```
mse_las = mean_squared_error(y_test, y_predict)
print("套索回归模型的均方误差为: \n", mse_las)
```

运行代码，得到套索回归模型的均方误差，如图 4-19 所示。

```
套索回归模型的均方误差为：
 28.036747383198307
```

图 4-19　套索回归模型的均方误差

4.3　项目拓展——糖尿病患者病情预测

本任务的目标是：使用 scikit-learn 内置的糖尿病患者病情数据集作为训练数据集，首先用线性回归模型对数据进行拟合，然后使用岭回归模型对数据进行拟合，并尝试对比不同 alpha 值的岭回归模型对模型系数的影响，学习调节模型参数。

1. 数据探索

```
#导入糖尿病患者病情模块
from sklearn.datasets import load_diabetes
#导入数据集拆分工具
from sklearn.model_selection import train_test_split
#导入绘图模块
import matplotlib.pyplot as plt
#均方误差评估模块
from sklearn.metrics import mean_squared_error
#导入数据集
diabetes = load_diabetes()
#输出糖尿病数据集中的键
diabetes.keys()
```

运行代码，结果如图 4-20 所示。

```
dict_keys(['data', 'target', 'DESCR', 'feature_names', 'data_filename', 'target_filename'])
```

图 4-20　糖尿病数据集中的键

```
#输出数据的概况
diabetes['data'].shape
```

运行代码，结果如图 4-21 所示。

```
(442, 10)
```

图 4-21　糖尿病数据集的形状

```
#输出数据详细描述
print(diabetes['DESCR'])
```

运行代码，结果如图 4-22 所示。

从图 4-22 可以看到，糖尿病患者数据有 10 个特征，分别是年龄、性别、体重指标、平均血压和 6 个血清测量指标（S1～S6），目标变量是检查一年后病情进展的定量测量。

```
Diabetes dataset
----------------

Ten baseline variables, age, sex, body mass index, average blood
pressure, and six blood serum measurements were obtained for each of n =
442 diabetes patients, as well as the response of interest, a
quantitative measure of disease progression one year after baseline.

**Data Set Characteristics:**

  :Number of Instances: 442

  :Number of Attributes: First 10 columns are numeric predictive values

  :Target: Column 11 is a quantitative measure of disease progression one year after baseline

  :Attribute Information:
      - Age
      - Sex
      - Body mass index
      - Average blood pressure
      - S1
      - S2
      - S3
      - S4
      - S5
      - S6

Note: Each of these 10 feature variables have been mean centered and scaled by the standard deviation times `n_samples` (i.e. the s
um of squares of each column totals 1).
```

图 4-22　糖尿病数据集的详细描述

2. 用线性回归模型拟合数据并进行预测和评估

```python
#导入特征变量
X = diabetes['data']
#导入目标变量
y = diabetes['target']
#将数据集分割为训练集和测试集
X_train,X_test,y_train,y_test = train_test_split(X,y,random_state=8)
#创建线性模型对象
diabetes_lr = LinearRegression()
#训练模型
diabetes_lr.fit(X_train,y_train)
#预测数据
y_predict = diabetes_lr.predict(X_test)

mse = mean_squared_error(y_test, y_predict)
print("均方误差为: \n", mse)
print('')
print('==============================')
print('coef_:{}'.format(diabetes_lr.coef_[:]))
print('intercept_: {}'.format(diabetes_lr.intercept_))
print('==============================')
```

运行代码，得到线性回归模型的均方误差、系数和偏置，如图 4-23 所示。

```
均方误差为:
 3108.04109825321

==============================
coef_:[   11.5106203   -282.51347161    534.20455671    401.73142674
  -1043.89718398    634.92464089    186.43262636    204.93373199
    762.47149733    91.9460394 ]
intercept_: 152.5624877455247
==============================
```

图 4-23　线性回归模型的均方误差、系数和偏置

3. 用岭回归模型拟合数据并进行预测和评估

（1）现在用岭回归模型进行拟合，设置岭回归模型参数 alpha=1.0。

```
from sklearn.linear_model import Ridge
#创建岭回归模型对象
diabetes_ridge = Ridge(alpha=1.0)
#训练模型
diabetes_ridge.fit(X_train,y_train)
#预测数据
y_predict_1 = diabetes_ridge.predict(X_test)

mse_1 = mean_squared_error(y_test, y_predict_1)
print("均方误差为: \n", mse_1)
print('')
print('==============================')
print('coef_:{}'.format(diabetes_ridge.coef_[:]))
print('intercept_: {}'.format(diabetes_ridge.intercept_))
print('==============================')
```

运行代码，得到岭回归模型的均方误差、系数和偏置，如图 4-24 所示。

```
均方误差为：
 3262.2329203221525

==============================
coef_:[  36.8262072   -75.80823733  282.42652716  207.39314972   -1.46580263
  -27.81750835 -134.3740951   98.97724793  222.67543268  117.97255343]
intercept_: 152.553545058867
==============================
```

图 4-24　岭回归模型的均方误差、系数和偏置（alpha=1.0）

从图 4-24 可以看到，相对于线性回归模型，岭回归模型的均方误差没有减小，但权重系数值有所减小。

（2）设置岭回归模型参数 alpha=10。

```
#创建 alpha=10 的岭回归模型对象
diabetes_ridge10 = Ridge(alpha=10)
#训练模型
diabetes_ridge10.fit(X_train,y_train)
#预测数据
y_predict_10 = diabetes_ridge10.predict(X_test)

mse_10 = mean_squared_error(y_test, y_predict_10)
print("均方误差为: \n", mse_10)
print('')
print('==============================')
print('coef_:{}'.format(diabetes_ridge10.coef_[:]))
print('intercept_: {}'.format(diabetes_ridge10.intercept_))
print('==============================')
```

运行代码，得到 alpha=10 时岭回归模型的均方误差、系数和偏置，如图 4-25 所示。

从图 4-25 可以看到，相对于 alpha=1.0 的岭回归模型的均方误差没有减小，但权重系数值有所减小。

```
均方误差为：
 4817.2518226162565

==============================
coef_:[ 15.08676646  -1.9586191    60.69903425  47.11843221  14.72337546
    9.87779644 -35.56015266  35.74603575  54.27193163  37.42095846]
intercept_: 152.7585777843719
==============================
```

图 4-25　岭回归模型的均方误差、系数和偏置（alpha=10）

（3）设置岭回归模型参数 alpha=0.1。

```
#创建 alpha=0.1 的岭回归模型对象
diabetes_ridge01 = Ridge(alpha=0.1)
#训练模型
diabetes_ridge01.fit(X_train,y_train)
#预测数据
y_predict_01 = diabetes_ridge01.predict(X_test)

rmse_01 = mean_squared_error(y_test, y_predict_01)
print("均方误差为: \n", rmse_01)
print('')
print('==============================')
print('coef_:{}'.format(diabetes_ridge01.coef_[:]))
print('intercept_: {}'.format(diabetes_ridge01.intercept_))
print('==============================')
```

运行代码，得到 alpha=0.1 时岭回归模型的均方误差、系数和偏置，如图 4-26 所示。

```
均方误差为：
 3027.227167970087

==============================
coef_:[  24.77802114 -228.33364296  495.54594378  361.21481169 -109.82542594
   -78.3286822  -190.69780344  108.24040795  383.72269392  107.42593373]
intercept_: 152.4809383696352
==============================
```

图 4-26　岭回归模型的均方误差、系数和偏置（alpha=0.1）

可以看到，相对于 alpha=1.0 的岭回归模型的均方误差有所减小，但权重系数值更大。

4. 绘制不同 alpha 参数的岭回归模型中的 coef_ 属性

```
#创建画布
plt.figure()
# 默认不支持中文
# 修改 RC 参数，来让其支持中文
plt.rcParams['font.sans-serif'] = 'SimHei'
plt.rcParams['axes.unicode_minus'] = False
#绘图
x = np.arange(0,10)

# alpha=0.1
plt.plot(x, diabetes_ridge01.coef_, 's',label='alpha=0.1 时的岭回归模型')
# alpha=1
plt.plot(x, diabetes_ridge.coef_,'^',label='alpha=1.0 时的岭回归模型')
```

```
# alpha=10
plt.plot(x, diabetes_ridge10.coef_,'v',label='alpha=10时的岭回归模型')
#线性回归
plt.plot(x, diabetes_lr.coef_,'o',label='线性回归模型')

# 添加图例
plt.legend( )
# 添加标题
plt.title("正则化程度对权重的影响")
plt.xlabel('系数序号')
plt.ylabel('系数量级')
plt.hlines(0,0,len(diabetes_lr.coef_))

plt.show()
```

运行代码，得到图 4-27 所示的结果。

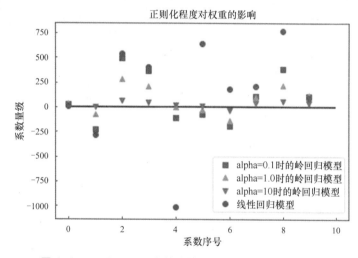

图 4-27　不同 alpha 参数的岭回归模型中的 coef_属性

图 4-27 中，横轴代表的是 coef_属性，纵轴代表的是特征变量的系数量级，$x=0$ 时显示的是第一个特征变量的系数量级，以此类推，直到 $x=9$。从图 4-27 中我们可以看出，当 alpha=10 时，特征变量系数大多在 0 附近，这时模型的复杂度大大降低，模型更不容易出现过拟合；当 alpha=1.0 时，岭回归模型的特征变量系数普遍增大；当 alpha=0.1 时，特征变量系数更大，有的几乎和线性回归模型的重合，而线性回归模型没有经过正则化处理，其对应的特征变量系数值会非常大。

4.4　项目小结

本项目主要介绍了什么是线性回归模型、损失函数、岭回归模型、套索回归模型。通过项目实训的方式讲解了线性回归模型的应用、波士顿房价预测、岭回归模型的应用、套索回归模型的应用，并进一步讲解了糖尿病患者病情预测。通过本项目的学习，读者可理解什么是线性回归模型、损失函数，掌握线性回归模型的应用、岭回归模型的应用、套索回归模型的应用，尝试对比不同 alpha 值的岭回归模型对模型系数的影响，学习调节模型参数。

4.5 习题

1. 什么叫损失函数？
2. 如何用岭回归模型的正则化参数 alpha 调节权重系数？
3. L2 正则化和 L1 正则化的区别有哪些？
4. 表 4-2 是一个工作年限和对应年薪的简单数据集，请根据它绘出数据的散点图，并尝试应用线性回归模型拟合这些数据，求出直线方程。

表 4-2　工作年限-年薪表

工作年限（年）	年薪（万元）
2	4
6	10
5	6
7	13

项目5
基于逻辑回归算法的分类模型

项目背景

　　逻辑回归又称 logistic 回归分析，是一种广义的线性回归分析，常用于数据挖掘、疾病自动诊断、经济预测等领域。例如，探讨引发疾病的危险因素，并根据危险因素预测疾病发生的概率等。以胃癌病情分析为例，选择两组人群，一组是胃癌组，一组是非胃癌组，两组人群必定具有不同的体征与生活方式等。因此因变量为是否有胃癌，值为"是"或"否"；自变量可以包括很多因素，如年龄、性别、饮食习惯、幽门螺杆菌感染等。自变量既可以是连续的，也可以是离散的。然后通过 logistic 回归分析，可以得到自变量的权重值，从而可以大致了解到底哪些因素是导致胃癌的危险因素。同时根据该权重值可以预测一个人患胃癌的可能性。实际上跟预测有些类似，也是根据 logistic 回归分析，判断某人得了某种疾病或属于某种情况的概率有多大，也就是研究这个人有多大的可能性会得某种疾病。

学习目标

知识目标	1. 逻辑回归算法的基本原理 2. 逻辑回归分类器的使用
能力目标	1. 理解作为分类模型的逻辑回归模型 2. 掌握逻辑回归模型的训练及预测方法
素质目标	1. 区分回归模型与分类模型 2. 能够使用逻辑回归模型解决分类问题

5.1 项目知识准备

5.1.1 逻辑回归算法的基本原理

　　逻辑回归算法是机器学习中最常用、最经典的分类算法之一。虽然线性回归算法和逻辑回归算法都有"回归"一词，但是线性回归算法解决回归问题，而逻辑回归算法称为回归模型，解决的却是分类问题。例如，根据空气的湿度、风速、光照强度等计算下雨的概率即回归，如果计算的问题为是否下雨则为分类。回归与分类的区别如图 5-1 所示。

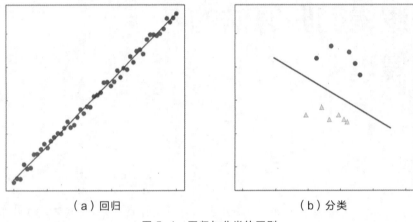

（a）回归　　　　　　　　　　　　　　（b）分类

图 5-1　回归与分类的区别

逻辑回归算法的因变量可以是二分类的，也可以是多分类的，只是二分类的更为常用，也更加容易解释，而多分类可以使用 softmax 方法进行处理。二分类的逻辑回归的本质是用一个映射函数 Sigmoid 将一个线性模型得到的连续结果映射到离散模型上。逻辑回归的目的是寻找一个非线性函数 Sigmoid 的最佳拟合参数，求解过程可以由最优化算法来完成。

现在假设有一些数据点，我们用一条直线对这些点进行拟合（该直线称为最佳拟合直线），这个拟合过程就称为回归。利用逻辑回归进行分类的主要思想是：根据现有数据对分类边界线建立回归公式，以此进行分类，这里的"回归"一词源于最佳拟合，表示要找到最佳拟合参数集。训练分类器时的做法就是寻找最佳拟合参数，使用的是最优算法，下面我们介绍一下这个基于逻辑回归和 Sigmoid 函数的二值型输出分类器的基本原理。

如果我们忽略二分类问题中 y 的取值是一个离散的取值（0 或 1），继续使用线性回归来预测 y 的取值，会导致 y 的取值并不为 0 或 1。逻辑回归使用一个函数来归一化 y 值，使 y 的取值在区间(0,1)，这个函数称为逻辑函数（logistic function），也称为 Sigmoid 函数（sigmoid function）。该函数公式如式（5-1）所示：

$$g(z) = \frac{1}{1+e^{-z}} \tag{5-1}$$

Sigmoid 函数的图像如图 5-2 所示。由图 5-2 可知 Sigmoid 函数把$(-\infty, +\infty)$的值映射到(0,1)。当 z 趋近于无穷大时，$g(z)$趋近于 1；当 z 趋近于无穷小时，$g(z)$趋近于 0。

该函数的作用是，判断不同属性的样本属于某个类别的概率。在二分类过程中，1 表示正向的类别，0 表示负向的类别。也就是说，经过 Sigmoid 函数的转换，如果值越靠近 1，则说明其属于正向类别的概率越大；如果值越靠近 0，则说明其属于负向类别的概率越大。

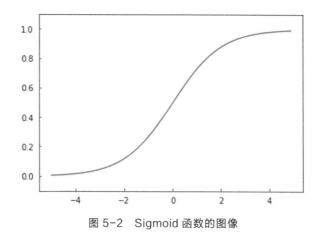

图 5-2　Sigmoid 函数的图像

Sigmoid 函数将任意的输入映射到了(0，1)，我们在线性回归模型中可以得到一个预测值，再将该值映射到 Sigmoid 函数中，这样就完成了由值到概率的转换，也就是分类任务。因此，为了实现逻辑回归分类器，我们可以在每个特征上乘一个回归系数，然后把所有的结果值相加，将这个总和代入 Sigmoid 函数，进而得到一个范围在 0～1 之间的数值。任何大于 0.5 的数据被分入 1 类，小于 0.5 的被归入 0 类，所以，逻辑回归也可以被看成一种概率估计。

逻辑回归的优点是计算代价不高，易于理解和实现，速度快，存储资源占用少；缺点是容易欠拟合，分类精度可能不高，在面对多元或者非线性决策边界时性能较差。

5.1.2　LogisticRegression 逻辑回归分类器

scikit-learn 库中的 linear_model 模块提供了逻辑回归分类器模型，让我们先看一下LogisticRegression 类的基本定义，其基本语法格式如下：

```
class sklearn.linear_model.LogisticRegression(penalty='l2', dual=False,
tol=0.0001, C=1.0, fit_intercept=True, intercept_scaling=1, class_weight=None,
random_state=None, solver='liblinear', max_iter=100, multi_class='ovr',
verbose=0, warm_start=False, n_jobs=1)
```

参数说明如下。

● **penalty**：正则化选择参数，str 类型。penalty 参数可选择的值为"l1"或"l2"，分别对应 L1 正则化或 L2 正则化，默认是"l2"。penalty 参数的选择会影响我们对损失函数优化算法的选择，即参数 solver 的选择。如果 penalty 是"l2"，那么 4 种参数{'newton-cg', 'lbfgs', 'liblinear', 'sag'}都可以选择；但是如果 penalty 是"l1"，就只能选择'liblinear'了。这是因为L1 正则化的损失函数不是连续可导的，而{'newton-cg', 'lbfgs', 'sag'}这 3 种优化算法都需要使用损失函数的一阶或者二阶连续导数。而'liblinear'并没有这个依赖。

● **dual**：对偶或原始方法，bool 类型，默认为 False。对偶方法只用在求解线性多核(liblinear)的 L2 惩罚项上。当样本数量大于样本特征数量的时候，dual 通常设置为 False。

● **tol**：表示停止迭代求解的阈值，控制求解的精度，float 类型，默认为 0.0001。

- **C**: 正则化系数 λ 的倒数，float 类型，且必须是正浮点型数，默认为 1.0。这个值越小，说明正则化效果越强，即训练的模型越泛化，但也更容易欠拟合。
- **fit_intercept**: 表示是否在拟合样本时保留截距，bool 类型，默认为 True。
- **intercept_scaling**: float 类型，默认为 1.0。该参数仅在 solver 参数为 liblinear、fit_intercept 参数为 True 的时候生效。
- **class_weight**: 用于表示分类模型中各种类型的权重。该参数支持的类型有字典（dict）或字符串值 balanced，默认为 None。如果不指定该参数，即 None，表示不对样本做任何处理，也就是对所有样本都设置相同的权重；该参数为 balanced 时，样本权重会根据分类样本比例进行自适应处理。
- **random_state**: 用于设置随机数种子。该参数支持的类型有 int 或 RandomState 实例对象，默认为 None。该参数只有当 solver 参数为 sag、saga 或 liblinear 时生效。
- **solver**: 优化算法选择参数，该参数决定了对逻辑回归损失函数的优化方法，有 5 个可选参数，即 newton-cg、lbfgs、liblinear、sag、saga。默认为 liblinear。
  - ➢ liblinear: 使用了开源的 liblinear 库实现，内部使用了坐标轴下降法来迭代优化损失函数。
  - ➢ lbfgs: 拟牛顿法的一种，利用损失函数二阶导数矩阵，即海森矩阵来迭代优化损失函数。
  - ➢ newton-cg: 也是牛顿法"家族"的一种。
  - ➢ sag: 随机平均梯度下降，是梯度下降法的变种，和普通梯度下降法的区别是每次迭代仅用一部分的样本来计算梯度，适用于样本数据多的时候。
  - ➢ saga: 线性收敛的随机优化算法的变种。
- **max_iter**: 设置最大的迭代次数。该参数类型为 int，默认为 100。
- **multi_class**: 该参数决定分类方式的选择。参数可选项为 {'auto','ovr','multinomial'}，默认为 'auto'。ovr 即一对多（one-vs-rest，OvR），multinomial 即多对多（many-vs-many，MvM）。如果是二元逻辑回归模型，ovr 和 multinomial 基本相同，它们的区别主要在多元逻辑回归上。
- **verbose**: 日志冗长度，int 类型，默认为 0，就是不输出训练过程。
- **warm_start**: 热启动参数，bool 类型，默认为 False。如果为 True，则重新使用上一次的调用进行初始化。
- **n_jobs**: 并行数，int 类型，默认为 1。为 1 的时候，使用 CPU 的一个内核运行程序；为 2 的时候，使用 CPU 的 2 个内核运行程序；为-1 的时候，使用所有 CPU 的内核运行程序。

在设置以上参数的时候，注意以下几点。

（1）在调整参数的时候，如果我们主要的目的只是解决过拟合，一般通过 penalty 参数选择 L2 正则化就够了。但是如果选择 L2 正则化后发现还是过拟合，即预测效果差的时候，就可以考虑 L1 正则化。另外，如果模型的特征非常多，我们希望将一些不重要的特征系数归零从而让模型系数稀疏化，也可以使用 L1 正则化。

（2）正则项的形式由参数 penalty 控制，正则项的值由参数 C 控制。正则项的值越小，泛化误差对模型损失的影响越大，越容易导致过拟合；反之，正则项的值越大，泛化误差对模型损失的影响越小，越容易导致欠拟合。

（3）solver 优化算法选择参数中，liblinear 和 lbfgs 适用于小数据集，而 sag 和 saga 因为收敛速度更快，适用于大数据集。

（4）对于多分类问题，如果 multi_class 参数选择了 ovr，则 4 种损失函数的优化方法 liblinear、newton-cg、lbfgs 和 sag 都可以选择。但是如果选择了 multinomial，则只能选择 newton-cg、lbfgs 和 sag。

LogisticRegression 类的属性如下。

- **coef_**：返回各特征的系数。
- **intercept_**：返回模型的截距。
- **n_iter_**：返回模型迭代次数。

LogisticRegression 类对象的常用方法如下。

- **fit(X,y)**：根据给定的训练数据对模型进行拟合。
- **predict(X)**：预测 X 中样本所属类别的标签。
- **predict_proba(X)**：概率估计，预测 X 中样本为某个类别的概率。
- **score(X,y)**：返回给定测试数据和实际标签相匹配的平均准确率。

5.2 项目实训

5.2.1 逻辑回归算法预测考试是否及格

本次任务将根据学生某门课程的复习时长和效率预测其期末考试是否能够及格。首先构造逻辑回归模型并使用往年的调查结果数据对模型进行训练，然后对本届学生的复习情况做出预测，并给出在特定学习状态时考试及格和不及格的概率。

1. 数据准备

首先我们需要准备一些往年的调查结果数据。根据学生的复习情况，确定数据的两个特征为时长、效率，其中时长单位为小时，效率为[0,1]之间的浮点数，数值越大表示效率越高。定义训练数据集 X_train，目标值 y_train 为考试结果，0 表示不及格，1 表示及格。输入代码如下：

```
import numpy as np
# 训练数据集，格式为(时长,效率)，其中时长单位为小时
# 效率为[0,1]之间的小数，数值越大表示效率越高
X_train = np.array([[(0,0), (2,0.9), (3,0.4), (4,0.9), (5,0.4),
                (6,0.4), (6,0.8), (6,0.7), (7,0.2), (7.5,0.8),
                (7,0.9), (8,0.1), (8,0.6), (8,0.8)]])
```

```
# y_train为考试结果，0表示不及格，1表示及格
y_train = np.array([0, 0, 0, 1, 0, 0, 1, 1, 0, 1, 1, 0, 1, 1])
print('复习情况 X_train: \n', X_train)
```

运行代码，将得到图 5-3 所示的结果。

```
复习情况：
[[0.  0. ]
 [2.  0.9]
 [3.  0.4]
 [4.  0.9]
 [5.  0.4]
 [6.  0.4]
 [6.  0.8]
 [6.  0.7]
 [7.  0.2]
 [7.5 0.8]
 [7.  0.9]
 [8.  0.1]
 [8.  0.6]
 [8.  0.8]]
```

图 5-3　训练数据集 X_train 的数据

2. 创建并训练逻辑回归模型

接下来，我们使用 scikit-learn 中 linear_model 模块的 LogisticRegression 类构造逻辑回归模型，并使用往年的调查结果数据对模型进行训练，再使用测试数据评估模型得分。输入代码如下：

```
from sklearn.linear_model import LogisticRegression
# 创建并训练逻辑回归模型
logistic = LogisticRegression(solver='lbfgs', C=10)
logistic.fit(X_train, y_train)
# 测试数据
X_test = [(3,0.9), (8,0.5), (7,0.2), (4,0.5), (4,0.7)]
y_test = [0, 1, 0, 0, 1]
score = logistic.score(X_test, y_test)
print('模型得分: ', score)
```

运行代码，将得到图 5-4 所示的结果。

```
模型得分：0.8
```

图 5-4　模型得分结果

从图 5-4 的输出结果可以看出，通过模型拟合后，模型的得分达到了 0.8，可以进行预测了。

3. 预测并输出预测结果

给出一个学生的学习状态，预测该学生考试是否能够及格，并给出其考试及格和不及格的概率。输入代码如下：

```
# 预测并输出预测结果
learning = np.array([(8, 0.9)])
result = logistic.predict(learning)
result_proba = logistic.predict_proba(learning)
print('复习时长为: {0}, 效率为: {1}'.format(learning[0,0], learning[0,1]))
```

```
print('不及格的概率为: {0:.2f}, 及格的概率为: {1:.2f}'.format(result_proba[0,0],
    result_proba[0,1]))
print('综合判断期末考试结果: {}'.format('及格' if result==1 else '不及格'))
```

运行代码，将得到图 5-5 所示的结果。

```
复习时长为: 8.0, 效率为: 0.9
不及格的概率为: 0.03, 及格的概率为: 0.97
综合判断期末考试结果: 及格
```

图 5-5　模型预测结果

从图 5-5 的输出结果可以看出，该学生的预测结果是期末考试及格。

5.2.2　逻辑回归算法实现鸢尾花分类

我们将逻辑回归算法应用到 iris 数据集上，看其分类效果。

1. 准备数据集和必要的模块

使用 scikit-learn 中 datasets 模块的 iris 数据集，导入线性模块 linear_model 中的 LogisticRegression 类，使用 sklearn.model_selection 进行测试集和训练集的拆分。输入代码如下：

```
# 导入必要的模块
import numpy as np
from sklearn.datasets import load_iris
from sklearn.linear_model import LogisticRegression
from sklearn.model_selection import train_test_split
# 加载 iris 数据集
iris = load_iris()
X = iris.data
y = iris.target
# 拆分训练集和测试集
X_train, X_test, y_train, y_test = train_test_split(X, y, random_state=8)
print('训练集数据维度: ', X_train.shape)
print('测试集数据维度: ', X_test.shape)
print('目标分类标签取值为: ', np.unique(y))
```

运行代码，将得到图 5-6 所示的结果。

```
训练集数据维度: (112, 4)
测试集数据维度: (38, 4)
目标分类标签取值为: [0 1 2]
```

图 5-6　查看 iris 数据集

从图 5-6 的输出结果可以看出，iris 数据集有 4 个特征，3 个分类。

2. 创建逻辑回归模型对象并训练、评估模型

iris 数据集的目标标签有 {0,1,2} 3 个分类，所以该数据集属于一个多分类数据集。我们在设置 LogisticRegression 对象的参数的时候就需要注意 multi_class 参数的选择，对于"ovr"

或"multinomial"这两种取值，要对应损失函数的 solver 优化算法选择。下面分别使用两种不同的多分类方式进行建模和评估。首先对 multi_class 参数采用"ovr"的多分类方式，那么对于 solver 优化算法参数选择"liblinear"，输入代码如下：

```
# 创建逻辑回归模型对象
clf1 = LogisticRegression(solver='liblinear', multi_class='ovr')
# 训练模型
clf1.fit(X_train, y_train)
# 评估模型
print('训练集得分：{:.2f}'.format(clf1.score(X_train, y_train)))
print('测试集得分：{:.2f}'.format(clf1.score(X_test, y_test)))
```

运行代码，将得到图 5-7 所示的结果。

训练集得分：0.96
测试集得分：0.95

图 5-7　模型得分结果

从图 5-7 的输出结果可以看出，逻辑回归模型也能很好地处理多分类任务。

接下来我们修改 multi_class 参数为"multinomial"的多分类方式，那么对于 solver 优化算法，将其参数改为"lbfgs"，输入代码如下：

```
# 修改参数重新创建逻辑回归模型对象
clf2 = LogisticRegression(solver='lbfgs', multi_class='multinomial')
# 训练模型
clf2.fit(X_train, y_train)
# 评估模型
print('训练集得分：{:.2f}'.format(clf2.score(X_train, y_train)))
print('测试集得分：{:.2f}'.format(clf2.score(X_test, y_test)))
```

运行代码，将得到图 5-8 所示的结果。

训练集得分：0.97
测试集得分：0.92

图 5-8　模型得分结果

从图 5-7 和图 5-8 的输出结果可以看出，两种多分类方式都能很好地处理 iris 数据集的分类问题。

5.3　项目拓展——判断肿瘤是良性还是恶性

本任务的目标是：使用 scikit-learn 内置的 breast_cancer 数据集，将该数据集拆分成训练集和测试集，然后对训练集和测试集进行标准化处理，通过构建 LogisticRegression 逻辑回归模型判断肿瘤是良性还是恶性。

1. 导入 breast_cancer 数据集

样本数据使用 breast_cancer 数据集。将 breast_cancer 数据集从 datasets 模块导入，输入代码如下：

```
# 导入 breast_cancer 数据集
from sklearn.datasets import load_breast_cancer
# 加载 breast_cancer 数据集
cancer = load_breast_cancer()
# "data" 是特征数据
X = cancer.data
# "target" 是目标变量数据 (肿瘤的类别标签)
y = cancer.target
# 查看特征数据的维度
print('breast_cancer 数据集的维度为: ', X.shape)
# 查看肿瘤的类别标签
print('breast_cancer 数据集的类别标签为: ', np.unique(y))
# 输出数据集中标注好的肿瘤分类
print('肿瘤分类: ', cancer['target_names'])
```

运行代码，将得到图 5-9 所示的结果。

```
breast_cancer数据集的维度为：  (569, 30)
breast_cancer数据集的类别标签为：  [0 1]
肿瘤分类：  ['malignant' 'benign']
```

图 5-9　查看数据集信息

从图 5-9 的输出结果可以看出，该数据集含有 30 个特征向量，一共 569 条记录，目标值（分类标签）分为 0 和 1，分别对应肿瘤分类的恶性和良性。

2. 将 breast_cancer 数据集拆分为训练集和测试集

使用 model_selection 模块提供的 train_test_split 函数对数据集进行拆分，将导入的 breast_cancer 数据集拆分为训练集和测试集。输入代码如下：

```
# 导入数据集拆分工具
from sklearn.model_selection import train_test_split
# 将数据集拆分为训练数据集和测试数据集
X_train, X_test, y_train, y_test = train_test_split(X, y, test_size=0.2, random_state=23)
# 输出训练数据集中特征向量的维度
print('训练集数据维度: ', X_train.shape)
# 输出训练数据集中目标标签的维度
print('训练集标签维度: ', y_train.shape)
# 输出测试数据集中特征向量的维度
print('测试集数据维度: ', X_test.shape)
# 输出测试数据集中特征向量的维度
print('测试集标签维度: ', y_test.shape)
```

运行代码，将得到图 5-10 所示的结果。

```
训练集数据维度：  (455, 30)
训练集标签维度：  (455,)
测试集数据维度：  (114, 30)
测试集标签维度：  (114,)
```

图 5-10　查看数据集拆分结果

从图 5-10 的输出结果可以看到，原有的 569 个数据样本和其标签分别被拆分成了两个部分，训练集样本和其对应的标签数量均为 455 个，而测试集样本和其对应的标签数量均为 114 个；同时， 不论是在训练集还是在测试集中，特征向量都是 30 个。

3．对数据集进行标准化处理

若输入逻辑回归模型的特征数据存在量级差异，可能导致模型无法收敛于最小值，这时最好先对数据进行标准化处理，以获得更好的预测结果。使用预处理的方式分别对训练集和测试集进行标准化处理，首先使用 StandardScaler 对训练集数据标准化，进行拟合生成规则，然后分别对训练集和测试集数据进行转换。输入代码如下：

```
# 导入 StandardScaler
from sklearn.preprocessing import StandardScaler
# 对训练集进行拟合生成规则
scaler = StandardScaler().fit(X_train)
# 对训练集数据进行转换
X_train_scaled = scaler.transform(X_train)
# 对测试集数据进行转换
X_test_scaled = scaler.transform(X_test)
print('标准化前训练集数据的最小值和最大值: {0}, {1}'.format(X_train.min(),
      X_train.max()))
print('标准化后训练集数据的最小值和最大值: {0:.2f},
      {1:.2f}'.format(X_train_scaled.min(),X_train_scaled.max()))
print('标准化前测试集数据的最小值和最大值: {0}, {1}'.format(X_test.min(),
      X_test.max()))
print('标准化后测试集数据的最小值和最大值: {0:.2f},
      {1:.2f}'.format(X_test_scaled.min(), X_test_scaled.max()))
```

运行代码，将得到图 5-11 所示的结果。

```
标准化前训练集数据的最小值和最大值: 0.0, 3432.0
标准化后训练集数据的最小值和最大值: -3.09, 11.68
标准化前测试集数据的最小值和最大值: 0.0, 4254.0
标准化后测试集数据的最小值和最大值: -2.39, 12.08
```

图 5-11　标准化处理结果

从图 5-11 的输出结果的对比来看，标准化之前的数据量级差异比较大，经过标准化处理后，数据的量级差异范围缩小到 15 以内。

4．构建逻辑回归模型并训练模型

使用 LogisticRegression 类构建逻辑回归模型，并使用 fit 方法训练模型。对小数据集来说，solver 优化算法参数选择"lbfgs"收敛更快，效果也更好。输入代码如下：

```
# 导入逻辑回归模型
from sklearn.linear_model import LogisticRegression
# 构建模型对象
log_reg = LogisticRegression(solver='lbfgs')
# 训练模型
log_reg.fit(X_train_scaled, y_train)
print('训练集得分: {:.2f}'.format(log_reg.score(X_train_scaled, y_train)))
```

运行代码，将得到图 5-12 所示的结果。

训练集得分：0.99

图 5-12　训练集得分结果

从图 5-12 的输出结果可以看到，模型已经训练得很好了，有兴趣的读者可以试试用没有经过标准化处理的原始数据训练模型，看看模型拟合的效果，并与标准化之后的数据集训练效果对比。

5．逻辑回归模型分析与评估

通过 LogisticRegression 类的属性可以查看模型各特征的相关系数、截距和迭代次数。输入代码如下：

```
# 查看模型各特征的相关系数、截距和迭代次数
print('各特征的相关系数为：\n', log_reg.coef_)
print('模型的截距为：', log_reg.intercept_)
print('模型的迭代次数为：', log_reg.n_iter_)
```

运行代码，将得到图 5-13 所示的结果。

```
各特征的相关系数为：
 [[-0.27606602 -0.30310086 -0.29072665 -0.3524495  -0.08887332  0.69489667
  -0.83159164 -0.90390551  0.04029888  0.36520447 -1.19757111  0.35202956
  -0.74109251 -0.97521346 -0.27495612  0.6191506   0.25707841 -0.35592781
   0.17637931  0.52153286 -0.87737574 -1.40343681 -0.76559961 -0.90697874
  -0.79031648 -0.01037606 -0.93300924 -0.95154361 -0.90587541 -0.17442082]]
模型的截距为： [0.10606283]
模型的迭代次数为： [32]
```

图 5-13　模型分析

接下来，我们可以看看模型在测试集上的表现，输入代码如下：

```
# 测试集的准确率
test_score = log_reg.score(X_test_scaled, y_test)
# 预测类别标签
test_pred = log_reg.predict(X_test_scaled)
# 类别的概率估计
test_prob = log_reg.predict_proba(X_test_scaled)
print('测试集准确率为：{:.2f}'.format(test_score))
print('预测测试集前 5 个结果为：', test_pred[:5])
print('测试集前 5 个对应类别的概率为：\n', np.round(test_prob[:5], 2))
```

运行代码，将得到图 5-14 所示的结果。

```
测试集准确率为：0.98
预测测试集前5个结果为： [1 0 0 1 0]
测试集前5个对应类别的概率为：
 [[0.004 0.996]
 [0.54  0.46 ]
 [1.    0.   ]
 [0.034 0.966]
 [0.998 0.002]]
```

图 5-14　预测结果

从图 5-14 的输出结果可以看出，逻辑回归模型在测试集上的得分非常不错。其中，predict_proba 函数反映的是所有测试集中前 5 个样本的分类概率，返回的是一个 n 行 k 列的数组，第 i 行第 j 列上的数值是模型预测第 i 个预测样本为某个分类标签的概率，并且每一行的概率和为 1。例如，第 1 个测试样本，只有 0.4%的概率属于"0"分类，而有 99.6%的概率属于"1"分类，所以模型会将这个样本归于"1"分类中，预测结果也是 1，表示属于恶性肿瘤。后面 4 个测试样本的原理也是一样的。

5.4　项目小结

本项目主要介绍了逻辑回归算法的基本原理，逻辑回归主要用于处理因变量为分类变量的回归问题，常用来处理二分类或二项分布问题，以及多分类问题，它实际上是一种分类方法。最后通过项目实训的方式讲解了如何使用逻辑回归分类器处理分类问题。

5.5　习题

1．判断对错。

（1）逻辑回归模型和线性回归模型都是分类模型。（　　　）

（2）Logistic 回归只能用于二分类。（　　　）

2．逻辑回归模型是采用（　　　）函数实现的。

项目6
基于朴素贝叶斯算法的分类模型

06

项目背景

分类是数据分析和机器学习领域的一个基本问题。现实生活中朴素贝叶斯算法应用广泛，如文本分类、垃圾邮件的分类、信用评估、钓鱼网站检测等。例如，想知道一个人的年收入是否达到中产阶级水平，可以收集样本人群的信息，根据年龄、工作单位性质、学历、受教育时长、职业、家庭情况、性别、资产所得、资产损失、每周工作时长、收入等信息来评估，这样就可以建立分类模型来判断个人的年收入等级。

学习目标

知识目标	1. 贝叶斯定理 2. 朴素贝叶斯算法的基本原理 3. 不同贝叶斯模型的差异
能力目标	1. 掌握朴素贝叶斯算法的简单应用 2. 掌握伯努利贝叶斯算法的特性和用法 3. 掌握高斯贝叶斯算法的特性和用法 4. 掌握多项式贝叶斯算法的特性和用法
素质目标	1. 能灵活应用不同朴素贝叶斯模型处理分类问题 2. 了解朴素贝叶斯算法的应用场景

6.1 项目知识准备

6.1.1 朴素贝叶斯原理

朴素贝叶斯算法是基于贝叶斯定理与特征条件独立假设的分类方法。相对于其他精心设计的更复杂的分类算法，朴素贝叶斯算法是学习效率和分类效果较好的分类算法之一，是直观的文本分类算法，也是最简单的贝叶斯分类器，具有很好的可解释性。朴素贝叶斯算法的特点是假设所有特征相互独立、互不影响，每一特征同等重要。但事实上这个假设在现实世界中并不成立：首先，相邻的两个词之间必然有联系，不能独立；其次，对一篇文章来说，其中的某一些代表词就能确定它的主题，不需要通读整篇文章、查看所有词。所以需要采用合适的方法进行特征选择，这样朴素贝叶斯分类器才能有更高的分类效率。

1. 贝叶斯定理

贝叶斯定理是描述随机事件 A 和 B 的条件概率（或边缘概率）的一则定理。其中 $P(A|B)$ 是在事件 B 发生的情况下事件 A 发生的可能性。通常，事件 A 在事件 B（发生）的条件下的概率，与事件 B 在事件 A 的条件下的概率是不一样的；然而，这两者有确定的关系，贝叶斯定理就是对这种关系的陈述。贝叶斯定理的公式如式（6-1）所示：

$$P(A|B) = P(B|A)P(A)/P(B) \tag{6-1}$$

举一个例子，现分别有 A、B 两个容器，在容器 A 里有 7 个红球和 3 个白球，在容器 B 里有 1 个红球和 9 个白球，现已知从这两个容器里任意抽出了 1 个红球，问这个球来自容器 A 的概率是多少？

假设已经抽出红球为事件 B，来自容器 A 为事件 A，则有如式（6-2）所示：

$$P(B) = 8/20, \ P(A) = 1/2, \ P(B|A) = 7/10 \tag{6-2}$$

按照公式，则如式（6-3）所示：

$$P(A|B) = (7/10) \times (1/2) \ / \ (8/20) = 0.875 \tag{6-3}$$

该公式为利用搜集到的信息对原有判断进行修正提供了有效手段，应用所观察到的现象对有关概率分布的主观判断（即先验概率）进行修正，先验概率是指根据以往经验和分析得到的概率。以分类问题为例，有两个类别 w_1 和 w_2，一个待分类的向量 x。我们可以知道，在已经分类的向量中有哪些向量属于 w_1，有哪些向量属于 w_2。即已知 $p(w_1)$ 和 $p(w_2)$，这就是先验概率。在分类问题中，已知待分类的向量 x，判断 $x \in w_1$ 还是 $x \in w_2$，即求解 $p(w_1|x)$、$p(w_2|x)$，这就是后验概率。后验概率可以由先验概率和条件概率求得。

贝叶斯算法是以贝叶斯原理为基础，使用概率统计的知识对样本数据集进行分类。由于其有着坚实的数学基础，贝叶斯算法的误判率是很低的。贝叶斯算法的特点是结合先验概率和后验概率，既避免了只使用先验概率的主观偏见，也避免了单独使用样本信息的过拟合现象。贝叶斯算法在数据集较大的情况下能表现出较高的准确率，同时算法本身也比较简单。

2. 朴素贝叶斯算法

朴素贝叶斯算法（naive Bayesian algorithm）是应用最为广泛的分类算法之一。朴素贝叶斯算法在贝叶斯算法的基础上进行了相应的简化，即假定给定目标值时属性之间相互条件独立。也就是说，没有哪个属性变量对决策结果占有较大的比重，也没有哪个属性变量对决策结果占有较小的比重。这个简化方式虽然在一定程度上降低了贝叶斯算法的分类效果，但是在实际的应用场景中，极大地简化了贝叶斯算法的复杂性。

该算法的优点如下。

（1）朴素贝叶斯算法发源于古典数学理论，有着坚实的数学基础，以及稳定的分类效率。

（2）对小规模的数据集表现很好，能处理多分类任务，适合增量式训练。

（3）朴素贝叶斯算法所需估计的参数很少，对缺失数据不太敏感，算法也比较简单，常用于文本分类。

该算法的缺点如下。

（1）理论上，朴素贝叶斯算法与其他分类算法相比具有最小的误差率。但是实际上并非总是如此，这是因为朴素贝叶斯算法假设属性之间相互独立，但在实际应用中这个假设往往是不成立的，在属性个数比较多或者属性之间相关性较大时，它的分类效果不好。而在属性之间相关性较小时，朴素贝叶斯算法的性能最为良好。

（2）需要知道先验概率，且先验概率很多时候取决于假设。假设的模型可以有很多种，因此在某些时候会由于假设的先验模型导致预测效果不佳。

（3）分类决策存在错误率。由于我们是通过先验数据来决定后验概率从而决定分类的，因此分类决策存在一定的错误率。

（4）对输入数据的表达形式很敏感。

3．朴素贝叶斯算法的原理

朴素贝叶斯算法是以贝叶斯定理为基础并且假设特征条件之间相互独立的方法，先通过已给定的训练集，以特征词之间独立作为前提假设，学习从输入到输出的联合概率分布，再基于学习到的模型，输入 X，求出使得后验概率最大的输出 Y。

设有样本数据集 $D=\{d_1, d_2, \cdots, d_n\}$，对应样本数据的特征属性集为 $X=\{x_1, x_2, \cdots, x_d\}$，类变量为 $Y=\{y_1, y_2, \cdots, y_m\}$，即 D 可以分为 y_m 类别。其中 $x_1, x_2, \cdots, x_d$ 相互独立且随机，则 Y 的先验概率 $P_{prior}=P(Y)$，Y 的后验概率 $P_{post}=P(Y|X)$。由朴素贝叶斯算法可得，后验概率可以由先验概率 $P_{prior}=P(Y)$、证据 $P(X)$、类条件概率 $P(X|Y)$ 计算出。

朴素贝叶斯算法假设了数据集属性之间是相互独立的，因此算法的逻辑十分简单，并且性能较为稳定。当数据呈现不同的特点时，朴素贝叶斯算法的分类性能不会有太大的差异。换句话说，就是朴素贝叶斯算法的健壮性比较好，对于不同类型的数据集不会呈现出太大的差异。

当数据集属性之间的关系相对比较独立时，朴素贝叶斯算法会有较好的效果。属性独立的条件，同时也是朴素贝叶斯分类器的不足之处。数据集属性的独立性在很多情况下是很难满足的，因为数据集的属性之间往往都存在着相互关联，如果在分类过程中出现这种问题，会导致分类的效果大大降低。

6.1.2　伯努利朴素贝叶斯算法

伯努利分布是一个离散型概率分布，是 $N=1$ 时二项分布的特殊情况，为纪念瑞士数学家詹姆斯·伯努利而命名。一个非常简单的实验是只有两个可能结果的实验，比如正面或反面、成功或失败、有缺陷或没有缺陷、病人康复或未康复。伯努利分布指的是对于随机变量 X 有参数为 $p(0<p<1)$，如果它分别以概率 p 和 $1-p$ 取 1 和 0 为值。伯努利实验成功的次数服从伯努利分布，参数 p 是实验成功的概率。

朴素贝叶斯算法是一类比较简单的算法，scikit-learn 中朴素贝叶斯类库的使用也比较简单。scikit-learn 库中的 naive_bayes 模块提供了 BernoulliNB 类作为先验为伯努利朴素贝叶斯模型，其基本语法结构如下：

```
class sklearn.naive_bayes.BernoulliNB(alpha=1.0, binarize=0.0,
                                      fit_prior=True, class_prior=None)
```

参数说明如下。

- **alpha**：float 类型，平滑因子，默认等于 1。当该参数等于 1 时表示拉普拉斯平滑（拉普拉斯平滑是用来处理朴素贝叶斯算法中可能出现的零概率问题）。

- **binarize**：float 类型或者 None。如果该参数为 None，那么假定原始数据已经二元化了；如果该参数是 float 类型，那么以该数值为界，特征取值大于它的为 1，特征取值小于它的为 0。

- **fit_prior**：表示是否要学习先验概率。如果该参数为 False，则所有样本输出时使用统一的类别先验概率（1/类别数）；如果该参数为 True，则可以利用参数 class_piror 输入先验概率，或者不输入该参数，可以从训练集中自己计算先验概率。

- **class_prior**：一个数组，它指定了每个类别的先验概率，如果设置了该参数，则每个分类的先验概率不再从数据集中学习。

BernoulliNB 类的常用方法如下。

- **fit(X,y)**：根据给定的训练数据对模型进行拟合。
- **predict(X)**：预测 X 中样本所属类别的标签，返回预测值。
- **predict_proba(X)**：返回一个数组，数组的元素依次是 X 预测为各个类别的概率值。
- **score(X,y)**：返回给定测试数据和实际标签相匹配的平均准确率。

伯努利朴素贝叶斯算法，适用于离散变量，其假设各个特征 x_i 在各个类别 y 下是服从 n 重伯努利分布（二项分布）的。因为伯努利实验仅有两个结果，所以，算法会首先对特征值进行二值化处理（假设二值化的结果为 1 与 0）。如果样本特征是二元离散值或者很稀疏的多元离散值，使用伯努利朴素贝叶斯模型比较合适。

6.1.3 高斯朴素贝叶斯算法

我们把一个随机变量 X 服从数学期望为 μ、方差为 σ^2 的数据分布称为正态分布，当数学期望 $\mu=0$，方差 $\sigma=1$ 时称为标准正态分布，如图 6-1 所示。

高斯分布就是正态分布，高斯朴素贝叶斯算法就是先验为高斯分布的朴素贝叶斯算法。

1. 高斯朴素贝叶斯原理

现有一人，名叫李四，李四对观看了《流浪地球》这部电影某场次的观众做了调查，将观众分为两类，喜欢《流浪地球》这部电影的和不喜欢《流浪地球》这部电影的。这两类观众的人数相等。

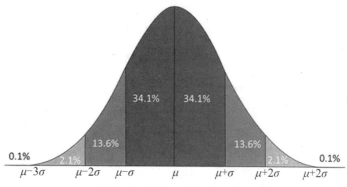

图 6-1 标准正态分布示意图

李四还同时调查了看电影过程中观众所食用的爆米花量（单位为 g）、苏打水量（单位为 ml）和糖果量（单位为 g）。

喜欢《流浪地球》的观众所食用零食和饮料数据如表 6-1 所示。

表 6-1 喜欢《流浪地球》的观众所食用零食和饮料数据

爆米花/g	苏打水/ml	糖果/g
24.3	750.7	0.2
28.2	533.2	50.5
...	...	...

不喜欢《流浪地球》的观众所食用零食和饮料数据如表 6-2 所示。

表 6-2 不喜欢《流浪地球》的观众所食用零食和饮料数据

爆米花/g	苏打水/ml	糖果/g
2.1	120.5	90.7
4.8	110.9	102.3
...	...	...

两类观众的零食和饮料数据似然分布曲线如图 6-2 所示，粉色曲线代表不喜欢《流浪地球》的观众的零食和饮料数据的似然分布，黑色曲线代表喜欢《流浪地球》的观众的零食和饮料数据的似然分布。从上往下分别是两类观众食用爆米花的数据似然分布曲线、两类观众食用苏打水的数据似然分布曲线和两类观众食用糖果的数据似然分布曲线。

由于两类观众的人数相等，所以两类观众的先验概率均为 0.5，即 P（喜欢）$=P$（不喜欢）$=0.5$。

现对食用了 50g 爆米花、500ml 苏打水和 25g 糖果的观众进行预测分类。

为了更好地区分喜欢《流浪地球》和不喜欢《流浪地球》的观众的零食和饮料数据，在喜欢《流浪地球》的观众的零食和饮料数据后加上数字 1，不喜欢《流浪地球》的观众的零食和饮料数据后加上数字 2。

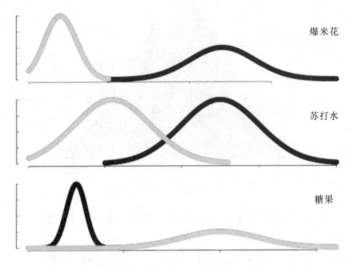

图 6-2　零食和饮料数据似然分布曲线

提取喜欢《流浪地球》的观众零食和饮料数据的似然分布中 3 个条件对应的似然值，喜欢《流浪地球》的观众对应的概率计算，如式（6-4）所示。

$$0.5 \times P(\text{爆米花 1}) \times P(\text{苏打水 1}) \times P（\text{糖果 1}） \tag{6-4}$$

为了防止似然值的数值趋近于 0 而导致最终预测结果产生较大误差，对喜欢《流浪地球》的观众对应的概率做底数为 e 的对数化处理，如式（6-5）所示。

$$\ln(0.5 \times P(\text{爆米花 1}) \times P(\text{苏打水 1}) \times P(\text{糖果 1})=$$
$$\ln 0.5 + \ln P(\text{爆米花 1}) + \ln P(\text{苏打水 1}) + \ln P(\text{糖果 1})) \tag{6-5}$$

对喜欢《流浪地球》的观众零食和饮料数据的似然分布中 3 个条件对应的似然值取对数的值如表 6-3 所示。

表 6-3　喜欢《流浪地球》观众零食和饮料数据的似然分布中 3 个条件对应的似然值取对数

50g 爆米花 1	500ml 苏打水 1	25g 糖果 1
−2.8	−5.5	−115

0.5 取底数为 e 的对数值约为−0.69，将表 6-5 的数值代入式（6-5），得到如式（6-6）所示的结果。

$$-0.69 - 2.8 - 5.5 - 115 \approx -124 \tag{6-6}$$

故符合这 3 个条件的，喜欢《流浪地球》的观众对应的概率约为−124。

提取不喜欢《流浪地球》的观众零食和饮料数据的似然分布中 3 个条件对应的似然值，不喜欢《流浪地球》的观众零食和饮料数据对应的概率计算，如式（6-7）所示。

$$0.5 \times P(\text{爆米花 2}) \times P(\text{苏打水 2}) \times P(\text{糖果 2}) \tag{6-7}$$

为了防止似然值的数值趋近于 0 而导致最终预测结果产生较大误差，对不喜欢《流浪地球》的观众零食和饮料数据对应的概率做底数为 e 的对数化处理，如式（6-8）所示。

$$\ln(0.5 \times P(爆米花\ 2) \times P(苏打水\ 2) \times P(糖果\ 2)) =$$
$$\ln0.5 + \ln P(爆米花\ 2) + \ln P(苏打水\ 2) + \ln P(糖果\ 2) \qquad （6-8）$$

对不喜欢《流浪地球》的观众零食和饮料数据似然分布中 3 个条件对应的似然值取对数的值如表 6-4 所示。

表 6-4　不喜欢《流浪地球》观众零食和饮料数据似然分布中 3 个条件对应的似然值取对数

50g 爆米花 2	500ml 苏打水 2	25g 糖果 2
-33.9	-9.45	-3.91

0.5 取底数为 e 的对数值约为-0.69，将表 6-6 的数值代入式（6-8），得到如式（6-9）所示的结果。

$$-0.69 - 33.9 - 9.45 - 3.91 \approx -48 \qquad （6-9）$$

故符合这 3 个条件的，不喜欢《流浪地球》的观众对应的概率约为-48。

由于概率值-48 大于-124，所以认为食用了 50g 爆米花、500ml 苏打水和 25g 糖的观众不喜欢《流浪地球》的可能性大于喜欢《流浪地球》的。

上述李四对观众类别进行分类预测的思路方法为高斯朴素贝叶斯的算法原理。

2. 高斯朴素贝叶斯模型

scikit-learn 库中的 naive_bayes 模块提供了 GaussianNB 类作为高斯朴素贝叶斯模型。其基本语法结构如下：

```
class sklearn.naive_bayes. GaussianNB(priors=None, var_smoothing=1e-09)
```

参数说明如下。

- **priors**：表示类的先验概率，对应 Y 的各个类别的先验概率 $P(Y=C_k)$。这个值默认不给定，如果没有给定，模型则根据样本数据自己计算；如果给定就以参数 priors 为准。

- **var_smoothing**：float 类型，可不填（默认为"1e-09"）。在估计方差时，为了追求估计的稳定性，将所有特征的方差中最大的方差以某个比例添加到估计的方差中，这个比例由 var_smoothing 参数控制。

GaussianNB 类的拟合、预测方法与 BernoulliNB 类一样，这里就不再描述了。

一般来说，如果样本特征的分布大部分是连续值，使用高斯朴素贝叶斯模型会比较好。

6.1.4　多项式朴素贝叶斯算法

多项式朴素贝叶斯适用于离散变量，其假设各个特征 x_i 在各个类别 y 下是服从多项式分布的，故每个特征值不能是负数。多项式实验中的实验结果都很具体，它所涉及的特征往往是次数、频率、计数、出现与否这样的概念。这些概念都是离散的正整数，因此，scikit-learn 中的多项式朴素贝叶斯模型不接受负值的输入。多项式朴素贝叶斯的特征矩阵经常是稀疏矩阵（不一定总是稀疏矩阵），适合离散特征的分类问题，例如文本分类中的单词计数。

1. 多项式朴素贝叶斯原理

假设存在一人，名叫张三，张三于某日打开电子邮箱查看邮件，收到了来自家人跟朋友的正常邮件共 8 封，以及垃圾邮件共 4 封。张三想要利用这些邮件来制作一个可以过滤垃圾邮件的模型。

张三统计了所有正常邮件中出现的单词以及各单词的数量，并提取了其中的 4 个单词对应的数量数据，如图 6-3 所示。

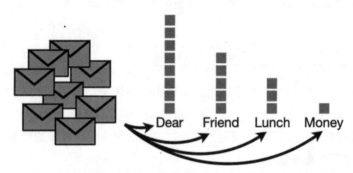

图 6-3 提取正常邮件单词数量列表中的 4 个单词及其数量数据

为了更好地区分单词来自垃圾邮件或正常邮件，在正常邮件的单词后面加上数字 1，垃圾邮件的单词后面加上数字 2。

从图 6-3 可以看出，正常邮件中 "Dear1" "Friend1" "Lunch1" "Money1" 的数量分别是 8、5、3、1。这 4 个单词的总数是 17。

现认定图 6-3 中的 4 个单词的数量之和即正常邮件单词的总数，则每个单词在正常邮件单词总数中的数量占比的计算过程如下。

$$P(\text{Dear1}) = 8 \div 17 \approx 0.47$$

$$P(\text{Friend1}) = 5 \div 17 \approx 0.29$$

$$P(\text{Lunch1}) = 3 \div 17 \approx 0.18$$

$$P(\text{Money1}) = 1 \div 17 \approx 0.06$$

各单词在正常邮件单词中所占的数量比例，如表 6-5 所示。

表 6-5 各单词在正常邮件单词中所占的数量比例

Dear1	Friend1	Lunch1	Money1
0.47	0.29	0.18	0.06

张三也统计了所有垃圾邮件中出现的单词以及各单词的数量，并提取了其中的 4 个单词对应的数据，如图 6-4 所示。

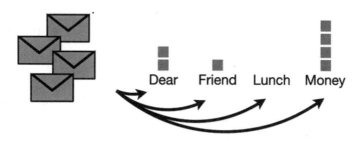

图 6-4　提取垃圾邮件单词数量列表中的 4 个单词及其数量数据

从图 6-4 可以看出，垃圾邮件中"Dear2""Friend2""Lunch2""Money2"的数量分别是 2、1、0、4。4 个单词的总数是 7。

现认定图 6-4 中的 4 个单词的数量之和即垃圾邮件单词的总数，则每个单词在垃圾邮件单词总数中的数量占比计算过程如下。

$$P(\text{Dear2}) = 2 \div 7 \approx 0.29$$

$$P(\text{Friend2}) = 1 \div 7 \approx 0.14$$

$$P(\text{Lunch2}) = 0 \div 7 \approx 0.00$$

$$P(\text{Money2}) = 4 \div 7 \approx 0.57$$

各单词在垃圾邮件单词中所占的数量比例，如表 6-6 所示。

表 6-6　各单词在垃圾邮件单词中所占的数量比例

Dear2	Friend2	Lunch2	Money2
0.29	0.14	0.00	0.57

正常邮件在总邮件中所占的数量比例是 8÷(8+4)≈0.67，此数值即正常邮件的先验概率 $P(N)$。

垃圾邮件在总邮件中所占的数量比例是 4÷(4+8)≈0.33，此数值即垃圾邮件的先验概率 $P(S)$。

计算"Dear Friend"这一词组在正常邮件中出现的概率如式（6-10）所示。

$$P(\text{N}) \times P(\text{Dear1}) \times P(\text{Friend1}) = 0.67 \times 0.47 \times 0.29 = 0.09 \qquad (6\text{-}10)$$

计算"Dear Friend"这一词组在垃圾邮件中出现的概率如式（6-11）所示。

$$P(\text{S}) \times P(\text{Dear2}) \times P(\text{Friend2}) = 0.33 \times 0.29 \times 0.14 = 0.01 \qquad (6\text{-}11)$$

因为 0.09 大于 0.01，所以可以认为，内容包含"Dear Friend"这一词组的邮件是正常邮件的可能性大于是垃圾邮件的可能性。

上述张三对于过滤垃圾邮件的方法思路即多项式朴素贝叶斯的算法原理。

2. 多项式朴素贝叶斯模型

scikit-learn 库中的 naive_bayes 模块提供了 MultinomialNB 类作为多项式朴素贝叶斯模型，其基本语法结构如下：

```
class sklearn.naive_bayes. MultinomialNB(alpha=1.0, class_prior=None,
                                         fit_prior=True)
```

参数说明如下。

- **alpha**：先验平滑因子，默认为 1.0，即添加拉普拉斯平滑。如果该参数设置为 0，就是不添加平滑。
- **fit_prior**：表示是否要考虑先验概率。如果是 false，则考虑所有类别都有相同的先验概率。否则可以自己用第 3 个参数 class_prior 输入先验概率，或者不输入第 3 个参数 class_prior，让 MultinomialNB 自己从训练集样本来计算先验概率。
- **class_prior**：一个数组，它指定了每个分类的先验概率。如果指定了该参数，则每个分类的先验概率不再从数据集中学习。

MultinomialNB 类的拟合、预测方法与 BernoulliNB 类一样，这里也不再描述了。

如果样本特征大部分是多元离散值，使用多项式朴素贝叶斯模型比较合适。

6.2 项目实训

6.2.1 伯努利朴素贝叶斯模型实现天气预测

本任务将根据过去 7 天的天气是否有雨的情况，预测接下来的几天会不会下雨。通过创建伯努利朴素贝叶斯模型并使用 7 天的天气数据对模型进行训练，然后对未来几天的天气进行预测，并给出下雨和不下雨的概率。

1. 数据收集和分析

首先收集前 7 天内和气象有关的信息，包括是否刮北风、闷热、多云，以及天气预报有雨等数据，如表 6-7 所示。

表 6-7　过去 7 天的气象数据

	刮北风	闷热	多云	天气预报有雨
第 1 天	否	是	否	是
第 2 天	是	是	是	否
第 3 天	否	是	是	否
第 4 天	否	否	否	是
第 5 天	否	是	是	否
第 6 天	否	是	否	是
第 7 天	是	否	否	是

我们用 0 代表否，1 代表是，构建特征矩阵 X 如下。

```
X = [[0, 1, 0, 1], [1, 1, 1, 0], [0, 1, 1, 0], [0, 0, 0, 1], [0, 1, 1, 0],
[0, 1, 0, 1], [1, 0, 0, 1]]
```

在这 7 天内，实际有 3 天下雨，4 天没有下雨。同样地，我们用 0 代表没有下雨，1 代表下雨，可以用一个数组来表示类别标签 y，如下所示。

```
y = [0, 1, 1, 0, 1, 0, 0]
```

接下来我们用已知的这些信息编写程序，并统计出在下雨和没有下雨的两种情况下各种气象信息。输入代码如下：

```
import numpy as np
# 将X、y赋值为np数组
X = np.array([[0, 1, 0, 1],
              [1, 1, 1, 0],
              [0, 1, 1, 0],
              [0, 0, 0, 1],
              [0, 1, 1, 0],
              [0, 1, 0, 1],
              [1, 0, 0, 1]])
y = np.array([0, 1, 1, 0, 1, 0, 0])
# 对不同分类计算每个特征为1的数量
counts = {}
for label in np.unique(y):
    counts[label] = X[y==label].sum(axis=0)
print("feature counts:\n{}".format(counts))
```

运行代码，将得到图 6-5 所示的结果。

对不同分类统计的每个特征为1的数量：
{0: array([1, 2, 0, 4]), 1: array([1, 3, 3, 0])}

图 6-5　分类统计结果

从图 6-5 的输出结果可以看出，当 y 为 0 类别时，也就是在没有下雨的 4 天中，有 1 天刮北风，有 2 天闷热，而没有出现多云的情况，但这 4 天的天气预报都（播报）有雨；同时，在 y 为 1 类别时，也就是在下雨的 3 天中，有 1 天刮北风，有 3 天都闷热，且 3 天都出现了多云的情况，但是这 3 天的天气预报都（播报）有雨。

2．创建伯努利朴素贝叶斯模型并进行天气预测

朴素贝叶斯模型会根据上述的统计来进行概率推理判断未来几天是否会下雨。由于特征矩阵 X 的特征取值是布尔型的，即 0 和 1，因此判断类型下雨或者不下雨属于二分类问题，因此使用伯努利朴素贝叶斯模型比较合适。

接下来，我们使用 scikit-learn 的 naive_bayes 模块中的 BernoulliNB 类构造伯努利朴素贝叶斯模型，并使用过去 7 天的气象数据对模型进行训练，再使用测试数据进行预测。要进行预测的这一天，没有刮北风，也不闷热，但是多云，天气预报没有播报有雨。

输入代码如下：

```
# 导入BernoulliNB类
from sklearn.naive_bayes import BernoulliNB
# 使用伯努利朴素贝叶斯模型拟合数据
clf = BernoulliNB()
clf.fit(X, y)
#要进行预测的这一天，没有刮北风，也不闷热
#但是多云，天气预报没有播报有雨
next_day1 = [[0, 0, 1, 0]]
pred_day1 = clf.predict(next_day1)
```

```
if pred_day1[0] == [1]:
    print('预测的这一天会下雨')
else:
    print('预测的这一天不下雨')
```

运行代码，将得到图 6-6 所示的结果。

预测的这一天会下雨

图 6-6　预测结果

从图 6-6 的输出结果可以看出，通过模型预测这一天会下雨。伯努利朴素贝叶斯模型有一个 predict_proba 方法，这个方法可以用于计算模型在对数据进行分类时，每个样本属于不同分类的可能性（即概率）是多少。输入代码如下：

```
# 模型预测分类的概率
pred_prob1 = clf.predict_proba(next_day1)
print('预测的这一天不下雨概率是{0:.2f}，会下雨的概率是{1:.2f}'.format(pred_prob1[0,0],
    pred_prob1[0,1]))
```

运行代码，将得到图 6-7 所示的结果。

预测的这一天不下雨概率是0.14，会下雨的概率是0.86

图 6-7　预测分类的概率

3．预测并分析预测结果

给出另一天的天气情况，刮了北风，而且很闷热，但没有出现多云，同时天气预报播报有雨，测试模型给出的预测结果和分类的概率。输入代码如下：

```
# 假设另一天的数据如下：
next_day2 = [[1, 1, 0, 1]]
# 使用训练好的模型继续预测
pred_day2 = clf.predict(next_day2)
if pred_day2[0] == 1:
    print('预测的另一天会下雨')
else:
    print('预测的另一天不下雨')
# 模型预测分类的概率
pred_prob2 = clf.predict_proba(next_day2)
print('预测的另一天不下雨概率是{0:.2f}，会下雨的概率是{1:.2f}'.format(pred_prob2[0,0],
    pred_prob2[0,1]))
```

运行代码，将得到图 6-8 所示的结果。

从图 6-8 的输出结果可以看出，通过模型预测另一天不下雨，继续查看每个样本属于不同分类的可能性（即概率）是多少。输入代码如下：

预测的另一天不下雨

图 6-8　预测结果

```
# 模型预测分类的概率
pred_prob2 = clf.predict_proba(next_day2)
print('预测的另一天不下雨概率是{0:.2f}，会下雨的概率是{1:.2f}'\
    .format(pred_prob2[0,0],pred_prob2[0,1]))
```

运行代码，将得到图 6-9 所示的结果。

预测的另一天不下雨概率是0.92，会下雨的概率是0.08

图 6-9   预测分类的概率

我们将两天的测试样本用模型预测结果，并使用 predict_proba 方法查看分类的概率。输入代码如下：

```
pred_days = [[0,0,1,0], [1,1,0,1]]
print('两天的预测结果是: ', clf.predict(pred_days))
print('两天的预测分类概率为: \n', clf.predict_proba(pred_days))
```

运行代码，将得到图 6-10 所示的结果。

两天的预测结果是：[1 0]
两天的预测分类概率为：
[[0.13848881 0.86151119]
[0.92340878 0.07659122]]

图 6-10   两天的测试样本预测结果

从图 6-10 的输出结果可以看出，predict_proba 方法返回的是一个 n 行 k 列的数组，第 i 行第 j 列上的数值是模型预测第 i 个预测样本为某个标签的概率，并且每一行的概率和为 1。

6.2.2   高斯朴素贝叶斯模型实现连续值的分类

对于连续值的多分类问题，我们分别对比伯努利朴素贝叶斯和高斯朴素贝叶斯两种模型的分类表现效果。

1.   准备数据集并用 BernoulliNB 类进行分类

在 6.2.1 的天气预测的任务中，数据集中的每个特征都只有 0 和 1 两个数值，在这种情况下，比较适合伯努利朴素贝叶斯模型。如果我们用复杂一些的非离散型的数据集，比如用随机生成的连续值，伯努利朴素贝叶斯模型还能正确的进行分类吗？我们可以试一下，输入代码如下：

```
# 导入数据集生成工具
from sklearn.datasets import make_blobs
# 导入数据集拆分工具
from sklearn.model_selection import train_test_split
# 导入 BernoulliNB
from sklearn.naive_bayes import BernoulliNB
# 生成样本数量为 400、分类数为 4 的数据集
X, y = make_blobs(n_samples=400, centers=4, random_state=0)
# 将数据集拆分成训练集和测试集
X_train, X_test, y_train, y_test = train_test_split(X, y, random_state=8)
# 使用伯努利朴素贝叶斯模型拟合数据
ber_nb = BernoulliNB()
ber_nb.fit(X_train, y_train)
print('伯努利朴素贝叶斯模型得分: {:.3f}'.format(ber_nb.score(X_test, y_test)))
```

运行代码，将得到图 6-11 所示的结果。

伯努利朴素贝叶斯模型得分：0.450

图 6-11   模型得分结果

从图 6-11 的输出结果可以看到，我们随机生成了 400 个样本，分为 4 个类别标签，在这个数据集的分类中伯努利朴素贝叶斯模型得分正确率还不到

一半，这是为什么呢？

下面我们通过绘制模型的分类界限图来查看伯努利朴素贝叶斯模型的分类结果，输入代码如下：

```python
%matplotlib inline
import matplotlib.pyplot as plt
import numpy as np
plt.rcParams['font.sans-serif'] = ['SimHei']      # 用来正常显示中文标签
plt.rcParams['axes.unicode_minus'] = False        # 用来正常显示负号
# 限定横轴与纵轴的最大值、最小值
x_min, x_max = X[:, 0].min()-0.5, X[:, 0].max()+0.5
y_min, y_max = X[:, 1].min()-0.5, X[:, 1].max()+0.5
# 生成网格坐标矩阵
xx, yy = np.meshgrid(np.arange(x_min, x_max, .02), np.arange(y_min, y_max, .02))
# 预测数据的类别标签
z = ber_nb.predict(np.c_[(xx.ravel(), yy.ravel())]).reshape(xx.shape)
# 用不同的背景色表示不同的分类
plt.pcolormesh(xx, yy, z, cmap=plt.cm.hot)
# 将训练集和测试集用散点图表示
plt.scatter(X_train[:,0], X_train[:,1], c=y_train, cmap=plt.cm.Paired,
            edgecolors='k', label='训练数据')
plt.scatter(X_test[:,0], X_test[:,1], c=y_test, cmap=plt.cm.Paired,
            marker='*', label='测试数据')
plt.xlim(xx.min(), xx.max())
plt.ylim(yy.min(), yy.max())
plt.xlabel('特征1')
plt.ylabel('特征2')
plt.title('分类结果图示')
plt.legend()
plt.show()
```

运行代码，将得到图 6-12 所示的结果。

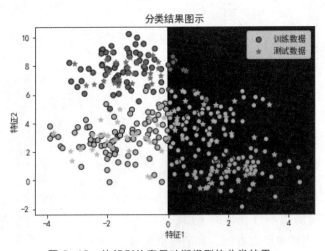

图 6-12　伯努利朴素贝叶斯模型的分类结果

从图 6-12 可以看出，伯努利朴素贝叶斯模型把数据集分成了两类，这是因为用伯努利朴素贝叶斯模型拟合的默认参数 binarize=0.0，所以模型根据特征的值以 0 为分界将数据分为了两类，致使模型在测试集上的得分这么差。

该数据集的数据属于连续数值类型，我们不能再使用伯努利朴素贝叶斯模型，而要用其他的模型，比如高斯朴素贝叶斯模型。

2．使用高斯朴素贝叶斯模型进行分类

接下来我们使用 scikit-learn 的 naive_bayes 模块中的 GaussianNB 类构造高斯朴素贝叶斯模型，并对刚才生成的数据集进行拟合，看看结果如何，输入代码如下：

```
# 导入高斯 GaussianNB 类
from sklearn.naive_bayes import GaussianNB
# 使用高斯朴素贝叶斯拟合数据
gau_nb = GaussianNB()
gau_nb.fit(X_train, y_train)
print('高斯朴素贝叶斯模型得分: {}'.format(gau_nb.score(X_test, y_test)))
```

运行代码，将得到图 6-13 所示的结果。

高斯朴素贝叶斯模型得分：0.92

图 6-13　模型得分结果

从图 6-13 输出结果可以看到，使用高斯朴素贝叶斯模型得分要好了许多，准确率达到了92%，这说明该数据集的特征基本上符合高斯分布，即正态分布。

下面我们再次通过绘制模型的分类界限图来查看高斯朴素贝叶斯模型的分类结果，输入代码如下：

```
# 预测数据的类别标签
z = gau_nb.predict(np.c_[(xx.ravel(), yy.ravel())]).reshape(xx.shape)
# 用不同的色块来表示不同的分类
plt.pcolormesh(xx, yy, z, cmap=plt.cm.Pastel1)
# 将训练集和测试集用散点图表示
plt.scatter(X_train[:,0], X_train[:,1], c=y_train, cmap=plt.cm.hot,
            edgecolors='k', label='train')
plt.scatter(X_test[:,0], X_test[:,1], c=y_test, cmap=plt.cm.hot, marker='*',
            label='test')
plt.xlim(xx.min(), xx.max())
plt.ylim(yy.min(), yy.max())
plt.xlabel('feature 1')
plt.ylabel('feature 2')
plt.title('Classifier: GaussianNB')
plt.legend()
plt.show()
```

运行代码，将得到图 6-14 所示的结果。

从图 6-14 可以看出，高斯朴素贝叶斯模型的分类边界比伯努利朴素贝叶斯模型的分类边界要复杂，但基本上把数据点放进了正确的分类中。

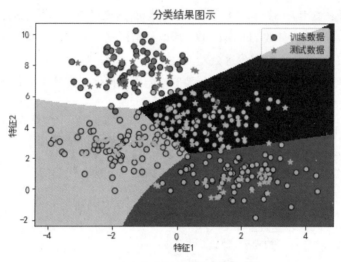

图 6-14　高斯朴素贝叶斯模型的分类结果

6.2.3　多项式朴素贝叶斯模型实现离散特征的分类

多项式朴素贝叶斯主要用于拟合多项式分布的数据集。例如，我们进行抛硬币的游戏，硬币只有两个面，硬币落下来只有两种可能的结果：正面或者反面。这种情况可以理解为二项式分布。那么多项式分布可以用掷骰子来理解，骰子有 6 个面，因此每掷一次骰子，结果都可能是在 1~6 的数字中产生，如果我们掷 n 次骰子，记录每个面朝上的分布情况，就是一个多项式分布。

1. 使用多项式朴素贝叶斯模型进行分类

现在我们继续使用 6.2.2 节任务生成的数据集来对多项式朴素贝叶斯模型进行测试，使用 scikit-learn 的 naive_bayes 模块中的 MultinomialNB 类构造多项式朴素贝叶斯模型，并对上文生成的数据集进行拟合，看看结果如何，输入代码如下：

```
# 导入 MultinomialNB 类
from sklearn.naive_bayes import MultinomialNB
mul_nb = MultinomialNB()
mul_nb.fit(X_train, y_train)
```

运行代码，将得到图 6-15 所示的程序报错提示。

ValueError: Input X must be non-negative

图 6-15　报错提示

图 6-15 的错误提示信息显示,输入的 X 值必须是非负的,因为 sklearn 中的 MultinomialNB 类不接受负值的输入。

为了处理这个错误，我们需要对数据进行预处理，将数据集的特征值缩放到非负的范围内。可以用预处理方法中的 MinMaxScaler 类将数据缩放到[0，1]之间,然后再使用多项式朴素贝叶斯模型拟合经过预处理之后的数据。输入代码如下：

```
# 导入 MultinomialNB 类
from sklearn.naive_bayes import MultinomialNB
# 导入数据处理工具 MinMaxScaler
from sklearn.preprocessing import MinMaxScaler
# 使用 MinMaxScaler 对数据进行离差标准化预处理，使数据全部为非负值[0,1]
scaler = MinMaxScaler()
scaler.fit(X_train)
X_train_scaled = scaler.transform(X_train)
X_test_scaled = scaler.transform(X_test)
# 用多项式朴素贝叶斯模型拟合经过预处理之后的数据
mul_nb = MultinomialNB()
mul_nb.fit(X_train_scaled, y_train)
print('多项式朴素贝叶斯模型得分: {:.3f}'.format(mul_nb.score(X_test_scaled,
        y_test)))
```

运行代码，将得到图 6-16 所示的结果。

多项式朴素贝叶斯模型得分：0.450

图 6-16　模型得分结果

从图 6-16 的输出结果可以看出，虽然经过了预处理将所有特征值转换为非负值，但是多项式朴素贝叶斯模型还是不能获得较好的得分。

如果我们通过绘制模型的分类界限图来查看多项式朴素贝叶斯模型的分类情况，输入代码如下：

```
# 预测数据的类别标签
z = mul_nb.predict(np.c_[(xx.ravel(), yy.ravel())]).reshape(xx.shape)
# 用不同的色块来表示不同的分类
plt.pcolormesh(xx, yy, z, cmap=plt.cm.Pastel1)
# 将训练集和测试集用散点图表示
plt.scatter(X_train[:,0], X_train[:,1], c=y_train, cmap=plt.cm.hot,
            edgecolors='k', label='train')
plt.scatter(X_test[:,0], X_test[:,1], c=y_test, cmap=plt.cm.hot, marker='*',
            label='test')
plt.xlim(xx.min(), xx.max())
plt.ylim(yy.min(), yy.max())
plt.xlabel('feature 1')
plt.ylabel('feature 2')
plt.title('Classifier: MultinomialNB')
plt.legend()
plt.show()
```

运行代码，将得到图 6-17 所示的结果。

从图 6-17 可以看出，大部分数据点都放进了错误的分类中，这是因为多项式朴素贝叶斯模型并不适合对这个数据集直接分类，而只适合对非负离散型数据集进行分类。

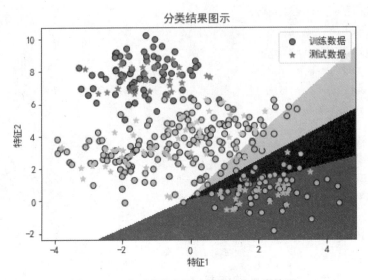

图 6-17　多项式朴素贝叶斯模型的分类结果

2. 将数值离散化处理后重新进行分类

我们可以尝试将连续型数值特征通过哑变量处理转换成分类型数据，经过哑变量处理之后自然所有的数据就不会有负数了，这样也符合模型数据输入的要求。接下来我们使用 scikit-learn 的 preprocessing 预处理模块中的 KBinsDiscretizer 类进行数值离散化处理，该类可以将连续型变量划分为分类型的变量，能够将连续型变量排序后按顺序分箱，然后进行编码，如采用独热编码将数据转换成向量。

将数据集进行离散化处理，再次使用多项式朴素贝叶斯模型进行拟合，输入代码如下：

```
导入 KBinsDiscretizer 类
from sklearn.preprocessing import KBinsDiscretizer
# KBinsDiscretizer 类将连续型变量排序后按顺序分箱并编码
kbs = KBinsDiscretizer(n_bins=10, encode='onehot').fit(X_train)
# 进行数值离散化处理
X_train_bins = kbs.transform(X_train)
X_test_bins = kbs.transform(X_test)
mul_nb = MultinomialNB().fit(X_train_bins, y_train)
y_pred = mul_nb.predict(X_test_bins)
print('离散化处理后多项式朴素贝叶斯模型得分:{:.3f}'.format(mul_nb.score(X_test_bins,
    y_test)))
```

运行代码，将得到图 6-18 所示的结果。

离散化处理后多项式朴素贝叶斯模型得分：0.930

图 6-18　模型得分结果

从图 6-18 的输出结果可以看到，模型得分得到了大幅的提高，达到了 93%。我们再次通过绘制模型的分类界限图来查看离散化处理后多项式朴素贝叶斯模型的分类情况，输入代码如下：

```
# 测试数据
z = np.c_[(xx.ravel(), yy.ravel()]
```

```
# 将测试数据进行离散化处理
z_bins = kbs.transform(z)
# 预测数据的类别标签
z = mul_nb.predict(z_bins).reshape(xx.shape)
# 用不同色块来表示不同的分类
plt.pcolormesh(xx, yy, z, cmap=plt.cm.Pastel1)
# 将训练集和测试集用散点图表示
plt.scatter(X_train[:,0], X_train[:,1], c=y_train, cmap=plt.cm.hot,
            edgecolors='k', label='train')
plt.scatter(X_test[:,0], X_test[:,1], c=y_test, cmap=plt.cm.hot, marker='*',
            label='test')
plt.xlim(xx.min(), xx.max())
plt.ylim(yy.min(), yy.max())
plt.xlabel('feature 1')
plt.ylabel('feature 2')
plt.title('Classifier: MultinomialNB')
plt.legend()
plt.show()
```

运行代码，将得到图 6-19 所示的结果。

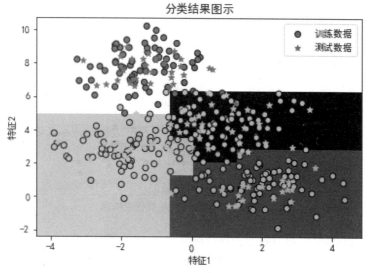

图 6-19　离散化处理后多项式利朴素贝叶斯模型的分类结果

从图 6-19 可以看出，将数据进行离散化处理后，多项式朴素贝叶斯模型已经能正确划分出各类数据，也能基本上把数据点放进正确的分类中。

6.3　项目拓展——估算个人收入等级

本任务的目标是：使用从美国 1994 年人口普查数据中抽取的 adult 数据集，根据个人信息建立分类模型，对个人收入等级进行估算。通过构建朴素贝叶斯模型判断个人的收入等级是"大于 5 万"还是"小于或等于 5 万"。

103

1. 数据准备

adult 数据集包括数万条样本数据，其中，样本特征包括年龄、单位性质、权重、学历、受教育时长、婚姻状况、职业、家庭情况、种族、性别、资产所得、资产损失、周工作时长、原籍和收入。

首先使用 pandas 读取数据文件"adult.csv"，输入代码如下：

```
# 读取数据
import pandas as pd
# 用 pandas 打开 csv 文件
df = pd.read_csv('adult.csv', header=None, index_col=False,
                names=['年龄','单位性质','权重','学历','受教育时长',
                       '婚姻状况','职业','家庭情况','种族','性别',
                       '资产所得','资产损失','周工作时长','原籍',
                       '收入'])
print('adult 文件的数据形态: ', df.shape)
print('输出数据的前 5 行: ')
display(df.head())
```

运行代码，将得到图 6-20 所示的结果。

```
adult文件的数据维度：(32561, 15)
输出数据的前5行：
```

	年龄	单位性质	权重	学历	受教育时长	婚姻状况	职业	家庭情况	种族	性别	资产所得	资产损失	周工作时长	原籍	收入
0	39	State-gov	77516	Bachelors	13	Never-married	Adm-clerical	Not-in-family	White	Male	2174	0	40	United-States	<=50K
1	50	Self-emp-not-inc	83311	Bachelors	13	Married-civ-spouse	Exec-managerial	Husband	White	Male	0	0	13	United-States	<=50K
2	38	Private	215646	HS-grad	9	Divorced	Handlers-cleaners	Not-in-family	White	Male	0	0	40	United-States	<=50K
3	53	Private	234721	11th	7	Married-civ-spouse	Handlers-cleaners	Husband	Black	Male	0	0	40	United-States	<=50K
4	28	Private	338409	Bachelors	13	Married-civ-spouse	Prof-specialty	Wife	Black	Female	0	0	40	Cuba	<=50K

图 6-20　查看 adult 数据集信息

从图 6-20 的输出结果可以看出，该数据集含有 15 个特征向量，一共 32561 条记录。该数据集有些复杂，里面的特征数据是数字和字符串的混合体。

接下来，我们根据最后一列"收入"进行分组，分别统计"收入＜=50k""收入＞50k"的样本数量。输入代码如下：

```
# 根据"收入"进行分组
group_income = df.groupby(by='收入')
# 收入<=50k 的分组
income_lessthan50k = dict([x for x in group_income])[' <=50K']
# 收入>50k 的分组
income_morethan50k = dict([x for x in group_income])[' >50K']
print('收入<=50k 的样本数量: ', income_lessthan50k.shape[0])
print('收入>50k 的样本数量: ', income_morethan50k.shape[0])
```

运行代码，将得到图 6-21 所示的结果。

```
收入≤50k的样本数量： 24720
收入＞50k的样本数量： 7841
```

图 6-21　查看分组样本数量

从图 6-21 输出的统计结果可以看出，"收入＜=50k"的样本数量相对比较多，在训练分类模型时，如果大部分数据样本都属于某一个类型，那么分类器可能会倾向于这个类型。为了保证初始类型没有偏差，最好使用每个数据类型样本数量相对均衡的数据进行训练，因此我们将选取"收入＜=50k"的 10000 个样本、"收入＞50k"的 7841 个样本构成数据集。

```
# 合并数据分组并排序
data = pd.concat([income_lessthan50k[:10000], income_morethan50k], axis=0)
data = data.sort_index()
print('数据集形态: ', data.shape)
print('输出数据集前 10 行: ')
display(data[:10])
```

运行代码，将得到图 6-22 所示的结果。

数据集维度: (17841, 15)
输出数据集前10行:

	年龄	单位性质	权重	学历	受教育时长	婚姻状况	职业	家庭情况	种族	性别	资产所得	资产损失	周工作时长	原籍	收入
0	39	State-gov	77516	Bachelors	13	Never-married	Adm-clerical	Not-in-family	White	Male	2174	0	40	United-States	<=50K
1	50	Self-emp-not-inc	83311	Bachelors	13	Married-civ-spouse	Exec-managerial	Husband	White	Male	0	0	13	United-States	<=50K
2	38	Private	215646	HS-grad	9	Divorced	Handlers-cleaners	Not-in-family	White	Male	0	0	40	United-States	<=50K
3	53	Private	234721	11th	7	Married-civ-spouse	Handlers-cleaners	Husband	Black	Male	0	0	40	United-States	<=50K
4	28	Private	338409	Bachelors	13	Married-civ-spouse	Prof-specialty	Wife	Black	Female	0	0	40	Cuba	<=50K
5	37	Private	284582	Masters	14	Married-civ-spouse	Exec-managerial	Wife	White	Female	0	0	40	United-States	<=50K
6	49	Private	160187	9th	5	Married-spouse-absent	Other-service	Not-in-family	Black	Female	0	0	16	Jamaica	<=50K
7	52	Self-emp-not-inc	209642	HS-grad	9	Married-civ-spouse	Exec-managerial	Husband	White	Male	0	0	45	United-States	>50K
8	31	Private	45781	Masters	14	Never-married	Prof-specialty	Not-in-family	White	Female	14084	0	50	United-States	>50K
9	42	Private	159449	Bachelors	13	Married-civ-spouse	Exec-managerial	Husband	White	Male	5178	0	40	United-States	>50K

图 6-22　选取数据集的前 10 行数据样本

如图 6-22 所示，数据集样本收集完毕。

2. 将数据集进行数据转换并编码处理

我们观察整理好的数据集，会发现特征数据有数值和字符串两种类型。对字符串类型的特征数据可以进行标记编码转换，但是数值数据是有价值的，所以在这种情况下，不能对整体的数据集进行标记编码。我们需要将数据集中的字符串数据转换为数值数据，同时要保留原有的数值数据。

在数据集中，类型为字符串的特征列都是采用单词标记的数据，如学历、职业、性别等。

对于单词标记的处理可以采用标记编码，即把单词标记转换成数值形式。scikit-learn 的 preprocessing 模块中提供了一个标记编码器类 LabelEncoder，下面我们简单介绍一下如何使用标记编码方法。输入代码如下：

```
# 导入 LabelEncoder 类
from sklearn.preprocessing import LabelEncoder
# 定义一个标记编码器
label_encoder = LabelEncoder()
# 创建一些标记
input_classes = ['audi', 'ford', 'audi', 'toyota', 'ford', 'bmw']
# 为这些标记编码
label_encoder.fit(input_classes)
# 输出编码结果
print('Class mapping:')
for i, item in enumerate(label_encoder.classes_):
    print(item, '-->', i)
```

运行代码，将得到图 6-23 所示的结果。

```
类别编码结果：
audi --> 0
bmw --> 1
ford --> 2
toyota --> 3
```

图 6-23　类别编码结果

从图 6-23 的输出结果可以看到，单词被转换成从 0 开始的索引值。如果现在有一组标记，就可以很容易的用标记编码器转换它们了，输入代码如下：

```
# 用编码器转换一组标记
labels = ['toyota', 'ford', 'audi']
encoded_labels = label_encoder.transform(labels)
print('标签: ', labels)
print('编码后的标签: ', list(encoded_labels))
```

运行代码，将得到图 6-24 所示的结果。

```
标签: ['toyota', 'ford', 'audi']
编码后的标签: [3, 2, 0]
```

图 6-24　编码后的标签结果

从图 6-24 的输出结果可以看到，单词被编码成了数值，还可以通过 inverse_transform 方法将数值反编码转换回单词。

现在我们已经知道如何对字符串数据进行标签编码转换，即可对数据集进行编码处理，将单词转换成数值了。首先定义一个用于标签编码的函数 get_data_encoded，将数据集的数据全部转换为字符串数据，再转换为数值数据，将所有的标记编码器保存在列表中，以便在后面测试数据时使用，函数返回数据编码结果和编码器列表。调用该函数对数据集 data 进行编码，将编码处理完成的数据集拆分成特征矩阵 X 和类别标签 y，数据集最后一列"收入"作为分类的类别标签，"＜＝50k"为 0，"＞50k"为 1。输入代码如下：

```python
import numpy as np
from sklearn.preprocessing import LabelEncoder
# 定义一个用于标签编码的函数
def get_data_encoded(data):
    # 将数据全部转为字符串类型
    data = np.array(data.astype(str))
    # 定义标记编码器对象列表
    encoder_list = []
    # 准备一个数组存储数据集编码后的结果
    data_encoded = np.empty(data.shape)
    # 将字符串数据转换为数值数据
    for i, item in enumerate(data[0]):
        # 判断该特征向量是否为数值数据
        if item.isdigit():
            data_encoded[:, i] = data[:, i]
        # 如果不是数值数据则进行标记编码
        else:
            # 将所有的标记编码器保存在列表中, 以便在后面测试数据时使用
            encoder_list.append(LabelEncoder())
            # 将字符串数据的特征列逐个进行编码
            data_encoded[:, i] = encoder_list[-1].fit_transform(data[:, i])
    # 返回数据编码结果和编码器列表
    return data_encoded, encoder_list

data_encoded, encoder_list = get_data_encoded(data)
# 将编码处理完成的数据集拆分成特征矩阵 X 和类别标签 y
X = data_encoded[:, :-1].astype(int)
# 数据集最后一列"收入"作为分类的类别标签,"<=50k"为 0,">50k"为 1
y = data_encoded[:, -1].astype(int)
print('编码处理完成的数据集')
print('特征维度: {},标签维度: {}'.format(X.shape, y.shape))
```

运行代码,将得到图 6-25 所示的结果。

```
编码处理完成的数据集
特征维度: (17841, 14),标签维度: (17841,)
```

图 6-25　编码处理结果

到此为止,数据集已经可以用于建模训练和测试了。

3. 使用高斯朴素贝叶斯模型进行建模

通过观察数据集中的数值范围,我们发现有些特征的量级差异比较大,因此需要对数据集进行标准化处理。接下来我们把数据集拆分成训练数据集和测试数据集,然后进行标准化预处理。由于该数据集的数值属于非离散型,所以使用高斯朴素贝叶斯模型进行建模比较合适。输入代码如下:

```python
from sklearn.naive_bayes import GaussianNB
from sklearn.model_selection import train_test_split
from sklearn.preprocessing import StandardScaler
```

```
# 拆分数据集为训练集和测试集
X_train, X_test, y_train, y_test = train_test_split(X, y, random_state=5)
# 对数值进行预处理
scaler = StandardScaler().fit(X_train)
X_train_scaled = scaler.transform(X_train)
X_test_scaled = scaler.transform(X_test)
# 使用高斯朴素贝叶斯拟合数据
gnb = GaussianNB()
gnb.fit(X_train_scaled, y_train)
# 输出模型评分
print('训练集得分: {:.3f}'.format(gnb.score(X_train_scaled, y_train)))
print('测试集得分: {:.3f}'.format(gnb.score(X_test_scaled, y_test)))
```

运行代码，将得到图 6-26 所示的结果。

从图 6-26 输出的评分结果说明该模型表现还算不错，下面即可使用该分类模型来评估一个人的收入等级。

训练集得分：0.713
测试集得分：0.720

图 6-26　模型评分结果

4．用模型进行预测

首先从数据文件里选择一个样本做测试，通过在准备数据阶段读入的数据对象 df 选取测试样本，输入代码如下：

```
# 从数据文件里选择一个样本做测试
print('选取测试样本: ')
display(df[:1])
```

运行代码，将得到图 6-27 所示的结果。

选取测试样本:

	年龄	单位性质	权重	学历	受教育时长	婚姻状况	职业	家庭情况	种族	性别	资产所得	资产损失	周工作时长	原籍	收入
0	39	State-gov	77516	Bachelors	13	Never-married	Adm-clerical	Not-in-family	White	Male	2174	0	40	United-States	<=50K

图 6-27　抽取测试样本

从输出结果解析出测试样本的特征数据 X 和分类 y，输入代码如下：

```
# 获取测试样本的特征数据 X 和分类 y
test = df[:1].values
test_X = test[:,:-1]
test_y = test[:, -1]
print('测试样本的特征数据 X: \n', test_X)
print('\n 测试样本的收入等级: ', test_y)
```

运行代码，将得到图 6-28 所示的结果。

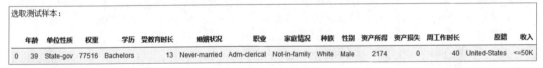

测试样本的特征数据X:
[[39 ' State-gov' 77516 ' Bachelors' 13 ' Never-married' ' Adm-clerical'
 ' Not-in-family' ' White' ' Male' 2174 0 40 ' United-States']]

测试样本的收入等级: [' <=50K']

图 6-28　测试样本的特征数据和分类

我们需要把该样本的特征数据 X 转换成分类模型可以理解的形式，也就是说需要对该样本先进行标记编码，直接使用之前已经定义的用于标签编码的函数 *get_data_encoded()* 进行编码转换，然后将编码后的数据标准化，再用分类模型进行预测，最后可以使用数据集编码的标记编码器列表 encoder_list 将预测的分类标签转换成原来的字符串文本，以查看这个人的收入等级是"＜=50k"还是"＞50k"。输入代码如下：

```
# 将测试样本的特征数据 X 进行编码
test_encoded_X, encoder_X = get_data_encoded(test_X)
# 将编码后的数据标准化
test_encoded_X_scaled = scaler.transform(test_encoded_X)
# 对数据进行预测分类标签
pred_encoded_y = gnb.predict(test_encoded_X_scaled)
print('测试样本的预测分类为: ', pred_encoded_y)
# 对分类标签进行解码，转换成原来的数据形式
pred_y = encoder_list[-1].inverse_transform(pred_encoded_y)
print('预测的收入等级: ', pred_y)
```

运行代码，将得到图 6-29 所示的结果。

```
测试样本的预测分类为：[0]
预测的收入等级：[' <=50K']
```

图 6-29　预测结果

从图 6-29 输出的结果可以看出预测这个人的收入等级是"小于或等于 5 万"，与测试样本的收入等级相符合。

6.4　项目小结

本项目主要介绍了朴素贝叶斯原理，分别讲解了伯努利朴素贝叶斯模型、高斯朴素贝叶斯模型、多项式朴素贝叶斯模型的特点和用法，分析了朴素贝叶斯模型的优缺点。通过项目实训的方式讲解了 3 种不同的朴素贝叶斯模型的应用场景：伯努利朴素贝叶斯模型适用于二项式分布的数据集，多项式朴素贝叶斯模型适用于计数类型的数据集，而高斯朴素贝叶斯模型适用于数据为连续值的数据集。

6.5　习题

1．判断对错。

（1）在 scikit-learn 中，一共有 3 个朴素贝叶斯的分类算法类，分别是 GaussianNB 类，MultinomialNB 类和 BernoulliNB 类。（　　　）

（2）一般来说，如果样本特征的分布大部分是连续值，使用 BernoulliNB 类会比较好。（　　　）

2．GaussianNB 类假设特征的先验概率为（　　　）分布。

项目7

基于决策树与随机森林算法的预测模型

07

项目背景

决策树算法相当于一个多级嵌套的选择结构，通过回答一系列问题来不停地选择树上的路径，最终到达一个表示某个结论或类别的叶子节点。例如，预测明天会不会下雨、判断某个商品是否畅销、判断是否能申请贷款、根据成绩填报合适的志愿等。随机森林是多个决策树的组合，最后的结果是各个决策树结果的综合考量。例如，如果我们想挑选一个好西瓜，又不知道如何判断西瓜的好坏——我们可以先收集西瓜的特征数据，然后使用决策树或随机森林建立回归模型，最后输入西瓜的特征数据，就可以判断出西瓜的好坏了。

学习目标

知识目标	1. 决策树算法的基本原理和构造 2. 随机森林算法的基本原理和构造
能力目标	1. 掌握决策树算法模型的使用 2. 掌握决策树的优缺点 3. 掌握随机森林的构造与使用
素质目标	1. 培养分析与决策能力 2. 能熟练使用决策树和随机森林解决分类和回归问题

7.1 项目知识准备

7.1.1 决策树的基本原理和构造

决策树（decision tree）是在已知各种情况发生概率的基础上，通过构成决策树来求取净现值的期望值大于等于零的概率，评价项目风险，判断其可行性的决策分析方法，是直观运用概率分析的一种图解法。由于这种决策分支画成图形很像一棵树的枝干，故称为决策树。

在机器学习中，决策树是一种基本的分类与回归预测模型，它代表的是对象属性与对象值之间的一种映射关系。

1. 决策树的构造

决策树方法在分类、预测、规则提取等领域有着广泛的应用。决策树的基本结构如图 7-1 所示。决策树是一个树状结构（可以是二叉树或非二叉树），包含一个根节点、若干内部节点和若干叶子节点。根节点对应样本全集，内部节点对应一个特征或特征测试，叶子节点对应决策结果，从根节点到每个叶子节点的路径对应一个判定测试的序列。使用决策树进行决策的过程就是从根节点开始，测试待分类项中相应的特征属性，并按照其值选择输出分支，直到到达叶子节点，将叶子节点存放的类别作为决策结果。

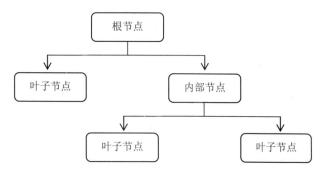

图 7-1　决策树的基本结构

决策树又称为判定树，它所使用的知识包含概率、信息熵、信息增益以及基尼系数等。决策树属于监督学习算法，需要根据已知样本数据及其目标来训练并得到一个可以工作的模型，然后使用该模型对未知样本进行分类。比如，我们现在要做一个决策，周末是否要打球，我们可能要考虑以下几个因素。第一，天气因素，如果是晴天我们就打球，如果是雨天我们就不打球。第二，是否需要加班，如果加班则不打球，如果不加班则打球。第三，球场是否满员，如果满员我们就不打球，如果不满员我们就打球。这样我们就生成了一个决策树，如图 7-2 所示。

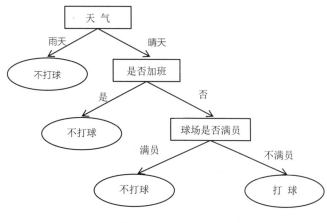

图 7-2　生成决策树

从这个例子我们可以看出当人在做判断时，会有一个逻辑，这个逻辑与决策树的逻辑很相似，那就是自上而下先找到最重要的属性去分类，如果得到的结果不能再分就把这个结果作为一个叶子节点，如果还能再分就再使用剩余的最重要的属性去做判断，最后就得到了决策树。通过这个过程我们可以看出，决策树其实很简单，它可以是一种分类方法，或称为分类器。

在构造决策树时，我们需要将那些起决定性作用的特征作为首要的决策点，即根节点，所以需要评估每一个特征，然后将它们按作用大小进行排序。先计算信息熵，然后计算信息增益——信息增益就是信息熵的差值，即在划分数据集前后信息发生的变化，最后通过信息增益来评价每个特征的重要程度。

2. 决策树的算法原理

构造决策树的核心问题是在每一步选择适当的特征对样本做拆分。对一个分类问题，从已知类标记的训练样本中学习并构造出决策树是一个自上而下、分而治之的过程。常用的决策树算法如表 7-1 所示。

表 7-1　常用的决策树算法

决策树算法	算法描述
ID3 算法	其核心是在决策树的各级节点上，使用信息增益方法作为特征的选择标准，帮助确定生成每个节点时所应采用的合适特征
C4.5 算法	C4.5 算法相对于 ID3 算法的重要改进是使用信息增益率来选择节点特征。C4.5 算法可以克服 ID3 算法存在的不足：ID3 算法只适用于离散的描述特征，而 C4.5 算法既能够处理离散的描述特征，也可以处理连续的描述特征
CART 算法	CART 算法是一种十分有效的非参数分类和回归算法，通过构建树、修剪树、评估树来构建一个二叉树。当叶子节点是连续变量时，该树为回归树；当叶子节点是分类变量时，该树为分类树

熵是对事件结果不确定性的度量，信息增益是已知某个条件后，熵下降的程度。信息增益率指信息增益与熵的比值。二叉树是一种特殊的树，每个节点最多有两个子树，且左右子树有序。

根据节假日、周末、天气等特征预测公交车上车人次，对智能调节公交车的发车间隔有极大的意义，可以减少不必要的资源浪费。结合公交车的上车人次案例实现采用 ID3 算法的具体实施步骤，可深入了解决策树算法。处理后的公交车上车人次数据如表 7-2 所示。

表 7-2　处理后的公交车上车人次数据

节假日	周末	天气	上车人次
1	0	1	1
1	0	1	1
1	1	0	1

续表

节假日	周末	天气	上车人次
1	1	0	1
…	…	…	…
0	0	1	0
0	0	0	0
0	0	1	0

在表 7-2 中，对于节假日特征，是节假日则设置为"1"，不是则设置为"0"。对于周末特征，是周末则设置为"1"，非周末则设置为"0"。对于天气特征，天气好的情况特征值设置为"1"，天气不好的情况特征值设置为"0"。上车人次特征划分为"1"和"0"两类，取一个阈值作为分界点，上车人次大于分界点的划分到"1"类，上车人次小于分界点的划分为"0"类。采用 ID3 算法构建决策树模型的具体步骤如下。

（1）计算总的信息熵。数据总记录有 30 条，而上车人次为"1"的记录有 16 条，为"0"的记录有 14 条，总的信息熵计算过程如下。

$$I(16,14) = -\frac{16}{30}\log_2\frac{16}{30} - \frac{14}{30}\log_2\frac{14}{30} \approx 0.997$$

（2）计算每个测试特征的信息熵。

①对于天气特征，其特征值有"1"和"0"两种。在天气特征为"1"的条件下，上车人次为"1"的记录有 5 条，上车人次为"0"的记录有 10 条，可表示为(5,10)；在天气特征为"0"的条件下，上车人次为"1"的记录有 11 条，上车人次为"0"的记录有 4 条，可表示为(11,4)。天气特征的信息熵计算过程如下。

$$I(5,10) = -\frac{5}{15}\log_2\frac{5}{15} - \frac{10}{15}\log_2\frac{10}{15} \approx 0.918$$

$$I(11,4) = -\frac{11}{15}\log_2\frac{11}{15} - \frac{4}{15}\log_2\frac{4}{15} \approx 0.837$$

$$E(天气) = \frac{15}{30}I(5,10) + \frac{15}{30}I(11,4) \approx 0.877$$

②对于周末特征，其特征值有"1"和"0"两种。在周末特征为"1"的条件下，上车人次为"1"的记录有 5 条，上车人次为"0"的记录有 3 条，可表示为(5,3)；在周末特征为"0"的条件下，上车人次为"1"的记录有 11 条，上车人次为"0"的记录有 11 条，可表示为(11,11)。周末特征的信息熵计算过程如下。

$$I(5,3) = -\frac{5}{8}\log_2\frac{5}{8} - \frac{3}{8}\log_2\frac{3}{8} \approx 0.954$$

$$I(11,11) = -\frac{11}{22}\log_2\frac{11}{22} - \frac{11}{22}\log_2\frac{11}{22} = 1$$

$$E(周末) = \frac{8}{30}I(5,3) + \frac{22}{30}I(11,11) \approx 0.988$$

③对于节假日特征，其特征值有"1"和"0"两种。在节假日特征为"1"的条件下，上车人次为"1"的记录有7条，上车人次为"0"的记录有0条，可表示为(7,0)；在节假日特征为"0"的条件下，上车人次为"1"的记录有9条，上车人次为"0"的记录有14条，可表示为(9,14)。节假日特征的信息熵计算过程如下。

$$I(7,0) = 0$$

$$I(9,14) = -\frac{9}{23}\log_2\frac{9}{23} - \frac{14}{23}\log_2\frac{14}{23} \approx 0.966$$

$$E(节假日) = \frac{7}{30}I(7,0) + \frac{23}{30}I(9,14) \approx 0.740$$

（3）计算天气、周末和节假日特征的信息增益值。

$$\text{Gain}(天气) = I(16,14) - E(天气) = 0.997 - 0.877 = 0.120$$

$$\text{Gain}(周末) = I(16,14) - E(周末) = 0.997 - 0.988 = 0.009$$

$$\text{Gain}(节假日) = I(16,14) - E(节假日) = 0.997 - 0.740 = 0.257$$

由步骤（3）的计算结果可以知道，节假日特征的信息增益值最大，它的两个特征值"1"和"0"是该根节点的两个分支。然后按照步骤（1）到步骤（3）的内容继续对该根节点的3个分支进行节点的划分，针对每一个分支节点继续进行信息增益的计算，以此类推，直到没有新的节点分支，最终构成一棵决策树。生成的决策树模型如图7-3所示。

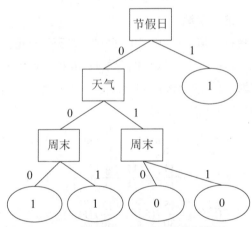

图7-3　用ID3算法生成的决策树模型

由图7-3可知上车人次和各个特征之间的关系，提取出的决策规则如下。

（1）若节假日特征为"1"，则上车人次为"1"。

（2）若节假日特征为"0"，天气为"1"，周末特征为"1"或"0"，则上车人次为"0"。

（3）若节假日特征为"0"，天气为"0"，周末特征为"1"或"0"，则上车人次为"1"。

由于ID3算法采用了信息增益作为选择测试特征的标准，因此会偏向于选择信息增益值较大的即所谓高度分支特征作为分支划分的节点，但这类特征并不一定是最优的特征。同时ID3算法只能处理离散特征，对于连续的特征，在分类前需要对其进行离散化。为了解决倾向于选择高度分支特征的问题，人们采用信息增益率作为选择测试特征的标准，这样便得到

C4.5 算法。

3. 决策树的剪枝

在决策树算法中，构造一棵完整的树并用来分类所需要的计算量非常大，树的空间复杂度非常高，这时可以采用剪枝算法在保证模型性能的前提下删除不必要的分支。"剪枝"是使决策树停止分支的方法之一，剪枝又分预剪枝和后剪枝两种。

预剪枝（prepruning）是指在决策树生成过程中，对每个节点在划分前先进行估计，若当前节点的划分不能带来决策树泛化性能提升，则停止划分，并将当前节点标记为叶子节点。比如指定树的深度最大为 3，那么训练出来决策树的高度就是 3。预剪枝主要是建立某些规则限制决策树的生长，降低了过拟合的风险，减少了建树的时间，但是有可能带来欠拟合问题。预剪枝适合大样本集的情况，但有可能会导致模型的误差比较大。

后剪枝（postpruning）是先从训练集生成一棵完整的决策树，然后自底向上地对非叶子节点进行考察，若将该节点对应的子树替换为叶子节点能带来决策树泛化性能的提升，则将该子树替换为叶子节点。后剪枝是一种全局的优化方法，在决策树构建好之后才开始进行剪枝。后剪枝算法可以充分利用全部训练集的信息，但计算量和空间复杂度都要大很多，后剪枝算法的计算量代价比预剪枝算法大得多，特别是在大样本集中。不过对于小样本的情况，后剪枝算法还是优于预剪枝算法的。

4. 分类决策树 DecisionTreeClassifier 类

在 scikit-learn 库中的 tree 模块提供了 DecisionTreeClassifier 决策树分类模型和 DecisionTreeRegressor 决策树回归模型，我们重点介绍前者的使用。DecisionTreeClassifier 类的基本语法格式如下：

```
class sklearn.tree.DecisionTreeClassifier(class_weight=None,
                                          criterion='gini',
                                          max_depth= None,
                                          max_features=None,
                                          max_leaf_nodes=None,
                                          min_impurity_decrease=0.0,
                                          min_impurity_split=None,
                                          min_samples_leaf=1,
                                          min_samples_split=2,
                                          min_weight_fraction_leaf=0.0,
                                          presort=False, random_state=None,
                                          splitter='best')
```

主要参数说明如下。

- **class_weight**：类别权重，[dict, list of dicts, balanced]，默认为 None。
- **criterion**：特征选择标准，[entropy, gini]，默认为 gini，即 CART 算法采用最小剩余方差法对特征空间进行二元划分。对离散数据按每个特征的取值来划分，而对连续特征则要计算出最优划分点。
- **max_depth**：决策树最大深度，[int, None]，默认为 None。
- **max_features**：在划分数据集时考虑得最多的特征值数量。

- **max_leaf_nodes**：最大叶子节点数。
- **min_impurity_decrease**：节点划分最小不纯度。
- **min_impurity_split**：信息增益的阈值。
- **min_samples_leaf**：叶子节点（分类）最少样本数。
- **min_samples_split**：对内部节点（判断条件）再划分所需的最小样本数。
- **min_weight_fraction_leaf**：叶子节点最小的样本权重和，默认是 0，就是不考虑权重问题，设所有样本的权重相同。
- **presort**：bool 类型，默认是 False，表示在进行拟合之前，是否预分数据来加快树的构建。
- **splitter**：特征划分标准，[best, random]。为 best 时在特征的所有划分点中找出最优的划分点，为 random 时随机地在部分划分点中找局部最优的划分点。

5. 决策树的优缺点

决策树的优点是：易于理解和实现，在学习过程中不需要使用者了解很多背景知识，这同时是它能够直接体现数据的特点。只要通过解释，人们都有能力去理解决策树所表达的意义。对于决策树，数据的准备往往是简单的或者是不必要的，而且能够同时处理数值型和常规型属性，在相对短的时间内能够针对大型数据源得出可行且效果良好的结果。

决策树的缺点是：对连续的字段比较难预测；对有时间顺序的数据，需要很多预处理工作；当类别太多时，错误可能会增加得比较快；一般的算法在分类的时候，只是根据一个字段来分类。

7.1.2　随机森林的基本原理和构造

顾名思义，随机森林是指用随机的方式建立一个森林，森林里面有很多决策树。随机森林里的决策树之间是没有关联的。在得到森林之后，每当有一个新的输入样本进入的时候，就让森林中的每一棵决策树分别进行判断，看看这个样本应该属于哪一类（对于分类算法），然后看看哪一类被选择得最多，就预测这个样本为那一类。随机森林既可以处理属性为离散值的量（比如使用 ID3 算法），也可以处理属性为连续值的量（比如使用 C4.5 算法）。

1. 随机森林的算法原理

随机森林就是通过集成学习的思想将多棵决策树集成的一种算法，故它的基本单元是决策树，而它本质上属于机器学习的一大分支——集成学习（ensemble learning）。集成学习通过建立几个模型组合来解决单一预测问题。它的工作原理是生成多个分类器/模型，各自独立地学习和进行预测。这些预测最后结合成单预测，因此优于任何一个单分类的预测。集成学习为了解决单个模型或者某一组参数的模型所固有的缺陷，从而整合起更多的模型，取长补短，避免局限性。

随机森林和使用决策树作为基本分类器的 Bagging 有些类似。"Bagging"这一名称来源于 BootstrapAGGregatING，意思是自助抽样集成。这种方法将训练集分成 *m* 个新的训练集，然后在每个新训练集上构建一个模型，各自不相干，最后预测时将这 *m* 个模型的结果进行整合，得到最终结果。整合方式对分类问题采用投票，对回归问题用均值。随机森林实际上是一种特殊的 Bagging，它将决策树用作 Bagging 中的模型。首先，用 bootstrap 方法生成 *m* 个训练集，然后，对于每个训练集构造一棵决策树，在节点找特征进行分裂的时候，并不是对所有特征找能使得指标（如信息增益）最大的，而是在特征中随机抽取一部分特征，在抽到的特征中间找到最优解，应用于节点进行分裂。

以决策树为基本模型的 Bagging 在每次使用 bootstrap 方法放回抽样之后，产生一棵决策树，抽多少样本就生成多少棵树，生成这些树的时候不进行更多的干预。随机森林也是进行 bootstrap 抽样，但它与 Bagging 的区别是：在生成每棵树的时候，每个节点变量都仅在随机选出的少数变量中产生。因此，不但样本是随机的，连每个节点变量（feature）的产生都是随机的。随机森林的方法由于有了 Bagging，也就是集成的思想，实际上相当于对样本和特征都进行了采样，所以可以避免过拟合。

2．随机森林的构造

假设有个病人去医院看病，病人可能选择看多个医生，而不是一个。在多个医生的诊断结果中，如果某种诊断比其他诊断出现的次数多，则将出现多的诊断作为最终结果，即最终诊断结果根据多数表决做出。把医生换成分类器，就得到 Bagging 的思想，单个分类器称为基分类器。通常多数分类器的结果比少数分类器的结果更可靠。将决策树作为基分类器，并在决策树的训练过程中引入随机选择即可得到随机森林（random forest，RF）。随机森林的组成如图 7-4 所示。

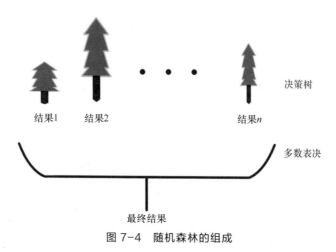

图 7-4　随机森林的组成

随机森林的随机选择体现在如下两个方面。

（1）样本随机。假设总样本的容量为 *N*，每棵决策树在总样本中随机有放回地抽取 *n* 个样本，构成新样本集用于训练。

（2）特征随机。假设特征的数量为 *M*，每棵决策树随机抽取 *m* 个特征进行节点的划分。

因为随机森林中每棵决策树训练时使用的只是部分的样本和特征，所以随机森林可以用于高维度的数据集、减少噪声带来误差、减少过拟合的风险。但是，当决策树的数量过多时会增加训练的时间。

根据以下列出的过程来构造随机森林。

（1）用 N 来表示训练用例（样本）的个数，M 表示特征数目。

（2）输入特征数目 m，用于确定决策树上一个节点的决策结果；其中 m 应远小于 M。

（3）从 N 个训练用例（样本）中以有放回抽样的方式，取样 N 次，形成一个训练集（即 bootstrap 取样，每次随机选择一个样本，然后返回继续选择）。选择好的 N 个样本用来训练一棵决策树，作为决策树根节点处的样本，并用未抽到的用例（样本）作预测，评估其误差。

（4）对于每一个节点，随机选择 m 个特征，决策树上每个节点的决定都是基于这些特征的。然后从这 m 个特征中采用某种策略（比如说信息增益）来选择 1 个特征作为该节点的分裂特征。根据这 m 个特征，计算其最佳的分裂方式。

（5）决策树形成过程中每个节点都要按照步骤（4）来分裂，一直到不能再分裂为止。很容易理解，如果下一次该节点选出来的那一个属性是其父节点分裂时刚刚用过的属性，则该节点已经达到叶子节点，无须继续分裂了。注意整个决策树形成过程中没有进行剪枝，每棵树都会完整成长。

（6）按照步骤（1）～（5）建立大量的决策树，这样就构成了随机森林。

许多研究表明，组合分类器比单一分类器的分类效果好。随机森林是一种利用多个分类树对数据进行判别与分类的方法，它在对数据进行分类的同时，还可以给出各个变量的重要性评分，评估各个变量在分类中所起的作用。

在当前的很多数据集上，随机森林相对其他算法有很大的优势。两个随机性的引入，使得随机森林具有很好的抗噪声能力，不容易导致过拟合。它能够处理很高维度的数据，并且不用做特征选择，对数据集的适应能力强：既能处理离散型数据，也能处理连续型数据，数据集无需规范化。

3. 随机森林分类器 RandomForestClassifier 类

scikit-learn 库中的 ensemble 模块提供了随机森林分类器 RandomForestClassifier 和随机森林回归器 RandomForestRegressor，我们主要介绍随机森林分类器的使用。RandomForestClassifier 类的基本语法格式如下：

```
class sklearn.ensemble.RandomForestClassifier(bootstrap=True,
                                    class_weight=None,
                                    criterion='gini',
                                    max_depth=None,
                                    max_features='auto',
                                    max_leaf_nodes=None,
                                    min_impurity_decrease=0.0,
                                    min_impurity_split=None,
                                    min_samples_leaf=1,
```

```
                                          min_samples_split=2,
                                          min_weight_fraction_leaf=0.0,
                                          n_estimators=10,
                                          n_jobs=None, oob_score=False,
                                          random_state=None, verbose=0,
                                          warm_start=False)
```

由于有些参数与决策树的相同这里不再赘述了，其他参数说明如下。

- **bootstrap**：建立决策树时，是否使用有放回的抽样。
- **max_features**：在拆分数据集时考虑的最多的特征值数量。
- **n_estimators**：森林里（决策）树的数目。
- **oob_score**：是否使用袋外样本来估计泛化精度。
- **verbose**：控制决策树建立过程的冗余度。
- **warm_start**：如果设置为 true，重用上次拟合调用的方法，并且增加更多的估计量；如果设置为 false，则拟合全新的森林。

7.2 项目实训

7.2.1 用决策树判断西瓜的好坏

本任务将根据西瓜的各项特征判断西瓜的好与坏。首先需要对西瓜的特征值进行数值化处理，然后根据已有数据构造决策树模型，并对测试样本进行预测判断其是否是好瓜。

1. 数据读取和处理

首先我们需要准备一些西瓜的相关数据，如西瓜的色泽、根蒂、敲声、纹理、脐部、触感、密度、含糖率，标注出是否为好瓜，然后整理出西瓜的数据文件。读取数据文件，输入代码如下：

```python
import pandas as pd
data = pd.read_csv('melon_data.csv', encoding='gbk')
print('西瓜的数据维度: ', data.shape)
print('读取前 10 条西瓜的数据: ')
data.head(10)
```

运行代码，将得到图 7-5 所示的结果。

从图 7-5 所示的数据类型来看，有一部分是文本型数据（中文字符），我们需要对这些数据进行处理。首先对西瓜的类型标签进行处理，将最后一列"好瓜与否"的"是"和"否"转换成 1 和 0 的数值标签。输入代码如下：

```python
# 将 target 目标值转变为数值型
data.loc[data['好瓜与否'] != '是', '好瓜与否'] = 0
data.loc[data['好瓜与否'] == '是', '好瓜与否'] = 1
data['好瓜与否'] = data['好瓜与否'].astype('int')
```

```
print('修改目标值之后的数据集: ')
data.head(10)
```

西瓜的数据维度: (17, 10)
读取前10条西瓜的数据:

	编号	色泽	根蒂	敲声	纹理	脐部	触感	密度	含糖率	好瓜与否
0	1	青绿	蜷缩	浊响	清晰	凹陷	硬滑	0.697	0.460	是
1	2	乌黑	蜷缩	沉闷	清晰	凹陷	硬滑	0.774	0.376	是
2	3	乌黑	蜷缩	浊响	清晰	凹陷	硬滑	0.634	0.264	是
3	4	青绿	蜷缩	沉闷	清晰	凹陷	硬滑	0.608	0.318	是
4	5	浅白	蜷缩	浊响	清晰	凹陷	硬滑	0.556	0.215	是
5	6	青绿	稍蜷	浊响	清晰	稍凹	软粘	0.403	0.237	是
6	7	乌黑	稍蜷	浊响	稍糊	稍凹	软粘	0.481	0.149	是
7	8	乌黑	稍蜷	浊响	清晰	稍凹	硬滑	0.437	0.211	是
8	9	乌黑	稍蜷	沉闷	稍糊	稍凹	硬滑	0.666	0.091	否
9	10	青绿	硬挺	清脆	清晰	平坦	软粘	0.243	0.267	否

图 7-5　查看西瓜数据集的数据

运行代码，将得到图 7-6 所示的结果。

修改目标值之后的数据集:

	编号	色泽	根蒂	敲声	纹理	脐部	触感	密度	含糖率	好瓜与否
0	1	青绿	蜷缩	浊响	清晰	凹陷	硬滑	0.697	0.460	1
1	2	乌黑	蜷缩	沉闷	清晰	凹陷	硬滑	0.774	0.376	1
2	3	乌黑	蜷缩	浊响	清晰	凹陷	硬滑	0.634	0.264	1
3	4	青绿	蜷缩	沉闷	清晰	凹陷	硬滑	0.608	0.318	1
4	5	浅白	蜷缩	浊响	清晰	凹陷	硬滑	0.556	0.215	1
5	6	青绿	稍蜷	浊响	清晰	稍凹	软粘	0.403	0.237	1
6	7	乌黑	稍蜷	浊响	稍糊	稍凹	软粘	0.481	0.149	1
7	8	乌黑	稍蜷	浊响	清晰	稍凹	硬滑	0.437	0.211	1
8	9	乌黑	稍蜷	沉闷	稍糊	稍凹	硬滑	0.666	0.091	0
9	10	青绿	硬挺	清脆	清晰	平坦	软粘	0.243	0.267	0

图 7-6　修改目标值之后的西瓜数据集前 10 条数据样本

从图 7-6 修改后的数据可以看到，目标值都已经修改成"1"和"0"了。接下来将西瓜数据集中第 2 至 9 列的数据取出来作为特征值，还需要使用哑变量处理将特征值里的文本型数据转换为数值型数据。输入代码如下：

```
# 使用 get_dummies 将文本数据转化为数值
data_X = pd.get_dummies(data.iloc[:, 1:-1])
print('转换之后的特征值: ')
data_X.head()
```

运行代码，将得到图 7-7 所示的结果。

转换之后的特征值:

	密度	含糖率	色泽_乌黑	色泽_浅白	色泽_青绿	根蒂_硬挺	根蒂_稍蜷	根蒂_蜷缩	敲声_沉闷	敲声_浊响	敲声_清脆	纹理_模糊	纹理_清晰	纹理_稍糊	脐部_凹陷	脐部_平坦	脐部_稍凹	触感_硬滑	触感_软粘
0	0.697	0.460	0	0	1	0	0	1	0	1	0	0	1	0	1	0	0	1	0
1	0.774	0.376	1	0	0	0	0	1	1	0	0	0	1	0	1	0	0	1	0
2	0.634	0.264	1	0	0	0	0	1	0	1	0	0	1	0	1	0	0	1	0
3	0.608	0.318	0	0	1	0	0	1	0	1	0	0	1	0	1	0	0	1	0
4	0.556	0.215	0	1	0	0	0	1	0	1	0	0	1	0	1	0	0	1	0

图 7-7　处理完成的特征值前 5 条数据样本

最后将特征向量 X 和分类标签 y 分别从特征值和数据集目标列取出，做好数据准备。输入代码如下：

```
# 获取特征向量 X 和分类标签 y
X = data_X.values
y = data.iloc[:, -1].values
# 输出数据维度
print('特征维度: {} 标签维度: {}'.format(X.shape, y.shape))
```

运行代码，将得到图 7-8 所示的结果。

特征维度: (17, 19) ，标签维度: (17,)

图 7-8　特征向量和分类标签的维度

2. 用决策树建模并做出预测

我们对处理好的特征向量 X 和分类标签 y 进行数据集的拆分，接下来使用 scikit-learn 的 tree 模块中的 DecisionTreeClassifier 类构造决策树分类器模型，使用训练集的数据对模型进行训练，并使用测试数据评估模型得分。输入代码如下：

```
from sklearn.model_selection import train_test_split
from sklearn.tree import DecisionTreeClassifier
# 拆分数据集
X_train, X_test, y_train, y_test = train_test_split(X, y, train_size=0.8,
                                                     random_state=125)

# 建模并预测
dtc = DecisionTreeClassifier(criterion='entropy', max_depth=3, random_state=30)
dtc.fit(X_train, y_train)  # 训练模型
print('模型得分:{:.2f}'.format(dtc.score(X_test,y_test)))
```

运行代码，将得到图 7-9 所示的结果。

模型得分:1.00

图 7-9　模型得分结果

从图 7-9 的输出结果可以看出，模型拟合效果很好，因为使用的数据集数量比较少，所以决策树能很好地处理数据，我们可以对测试集数据进行"好瓜与否"的测试，输入代码如下：

```
# 对测试集进行预测
y_pred = dtc.predict(X_test)
print('模型预测的分类结果为: ', y_pred)
print('真实分类结果为: ', y_test)
```

运行代码，将得到图 7-10 所示的结果。

```
模型预测的分类结果为: [0 1 0 1]
真实分类结果为: [0 1 0 1]
```

图 7-10 模型预测结果对比

从图 7-10 的输出结果可以看出测试数据的预测都是正确的。

3. 决策树的分类过程展示

如果想知道决策树是如何进行分类的，可以通过 graphviz 库来演示决策树的工作过程。首先需要安装这个库，在命令提示符窗口中输入：

```
pip install graphviz
```

下载安装完成后需要将安装路径的 bin 文件夹添加至系统环境变量 Path 中。另外，sklearn.tree 模块的函数 export_graphviz 可以用来将训练好的决策树数据导出，然后使用扩展库 graphviz 中的功能绘制决策树图形，并输出 PDF 文件。

我们可以尝试使用不同的算法实现分类决策树，第一次使用信息熵构造的决策树来实现分类，输入代码如下：

```
# 导入 graphviz 工具
import graphviz
# 导入决策树中输出 graphviz 的接口
from sklearn.tree import export_graphviz
# 建立决策树模型，基于信息熵
dtc1 = DecisionTreeClassifier(criterion='entropy', max_depth=3, random_state=30)
dtc1.fit(X_train, y_train)  # 训练模型
# 导出决策树
dot_data = export_graphviz(dtc1, impurity=False)
# 创建图形
graph = graphviz.Source(dot_data)
# 输出 PDF 文件
graph.render('melon_tree1')
# 显示决策树图形
graph
```

运行代码，将得到图 7-11 所示的结果。

图 7-11 输出的结果展示了决策树的预测过程，从树的根节点开始，第一个分支条件是特征"密度"，X[0] <= 0.382，samples = 13 表示该节点上有 13 个样本，value = [7, 6]是指有 7 个样本属于分类 0、6 个样本属于分类 1；接下来到第一层条件判断，为 True 的分支节点判断分类为 0 的有 3 个样本，为 False 的另外 10 个样本进入第二个条件判断，特征"含糖率"

X[1] <=0.204 进一步对样本进行分类；到第二层条件判断，为 False 的分支节点判断分类为 1 的有 5 个样本，为 True 的另外 5 个样本进入第二个条件判断，特征"密度"X[0] <=0.537 进一步对样本进行分类；到第三层条件判断，为 True 的分支节点判断分类为 1 的有 1 个样本，为 False 的分支节点判断分类为 0 的有 4 个样本，这样所有的样本就都被分到了两个分类中。

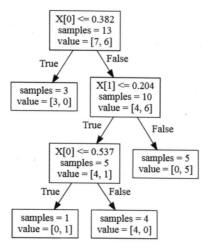

图 7-11　决策树（信息熵）的分类过程

第二次我们采用基尼系数构造的决策树来实现分类，修改代码如下：

```
# 建立决策树模型，使用基尼系数
dtc2 = DecisionTreeClassifier(criterion='gini', random_state=30)
dtc2.fit(X_train, y_train)  # 训练模型
# 导出决策树
dot_data = export_graphviz(dtc2, impurity=False)
# 创建图形
graph = graphviz.Source(dot_data)
# 输出 PDF 文件
graph.render('melon_tree2')
# 显示决策树图形
graph
```

运行代码，将得到图 7-12 所示的结果。

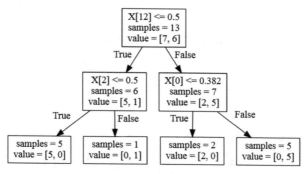

图 7-12　决策树（基尼系数）的分类过程

从图 7-12 输出的决策树可以看出，不同的算法选择的分裂判断条件有所不同，但是都可以将 13 个样本正确地分到每个分类，也都能进行有效的决策。

7.2.2 决策树和随机森林实现酒分类的对比

我们选择 wine 数据集，分别使用决策树和随机森林的分类器对酒进行分类，并对比、分析两种模型的分类效果。

1. 数据准备

使用 scikit-learn 的 datasets 模块中的 wine 数据集，将该数据集拆分为测试集和训练集。输入代码如下：

```
import numpy as np
import pandas as pd
# 导入数据集获取工具
from sklearn.datasets import load_wine
#用于拆分训练数据和样本数据
from sklearn.model_selection import train_test_split
# 读取 wine 数据集
wine = load_wine()
X = wine.data
y = wine.target
X_train, X_test, y_train, y_test = train_test_split(X, y, random_state=0)
print('训练集数据的维度为: ',X_train.shape)
print('训练集标签的维度为: ',y_train.shape)
print('测试集数据的维度为: ',X_test.shape)
print('测试集标签的维度为: ',y_test.shape)
```

运行代码，将得到图 7-13 所示的结果。

```
训练集数据的维度为： (133, 13)
训练集标签的维度为： (133,)
测试集数据的维度为： (45, 13)
测试集标签的维度为： (45,)
```

图 7-13　wine 数据集的拆分结果

2. 构建与评价分类模型

分别使用决策树和随机森林建立分类模型，在相同的训练集上进行训练，并通过同一个测试集进行评分，对比分类结果。输入代码如下：

```
# 决策树和随机森林模型
from sklearn.tree import DecisionTreeClassifier
from sklearn.ensemble import RandomForestClassifier
# 对比随机森林分类器和决策树
clf = DecisionTreeClassifier(max_depth=3)
rfc = RandomForestClassifier(n_estimators=20, random_state=8)
clf = clf.fit(X_train, y_train)
```

```
rfc = rfc.fit(X_train, y_train)
score_c = clf.score(X_test, y_test)
score_r = rfc.score(X_test, y_test)
print("决策树模型得分: {:.2f}".format(score_c))
print("随机森林模型得分: {:.2f}".format(score_r))
```

运行代码，将得到图 7-14 所示的结果。

决策树模型得分: 0.93
随机森林模型得分: 0.98

图 7-14　决策树和随机森林的模型得分结果

从图 7-14 的输出结果可以看出，决策树和随机森林的模型都表现得不错，但是随机森林模型的得分更高，表现更好。

3. 使用交叉验证评估模型

为了能够更加客观地对比决策树和随机森林的模型表现，我们使用了 10 组 3 折的交叉验证分别对两个模型进行评分，并绘制出交叉验证的评分图。输入代码如下：

```
%matplotlib inline
import matplotlib.pyplot as plt
# 用于交叉验证
from sklearn.model_selection import cross_val_score
plt.rcParams['font.sans-serif'] = ['SimHei']      # 用来正常显示中文标签
plt.rcParams['axes.unicode_minus'] = False        # 用来正常显示负号
#为了观察更稳定的结果，下面进行 10 组交叉验证
rfc_l = []
clf_l = []
for i in range(10):
    rfc = RandomForestClassifier(n_estimators=20)
    rfc_s = cross_val_score(rfc, X, y, cv=3).mean()
    rfc_l.append(rfc_s)
    clf = DecisionTreeClassifier(max_depth=3)
    clf_s = cross_val_score(clf, X, y, cv=3).mean()
    clf_l.append(clf_s)
# 绘制交叉验证评分图
plt.figure()
plt.plot(range(1,11), rfc_l, 'r-', label = "随机森林")
plt.plot(range(1,11), clf_l, 'b--', label = "决策树")
plt.ylim((0.8, 1))
plt.xlabel('迭代次数')
plt.ylabel('模型得分')
plt.legend()
plt.show()
```

运行代码，将得到图 7-15 所示的结果。

从图 7-15 的交叉验证的评分结果可以看出，随机森林比单个决策树的表现更好，也能避免单个决策树容易出现的过拟合现象。

125

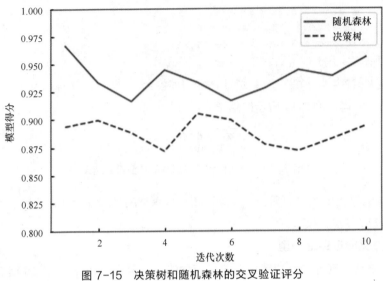

图 7-15　决策树和随机森林的交叉验证评分

7.3　项目拓展——波士顿房价预测

本任务的目标是：使用 scikit-learn 内置的 boston 数据集，将该数据集拆分成训练集和测试集，通过构建回归模型进行房价预测。

1. 导入 boston 数据集

样本数据使用 boston 数据集，将该数据集从 datasets 模块导入，输入代码如下：

```
# 导入 boston 数据集
from sklearn.datasets import load_boston
boston = load_boston()
# 查看 boston 数据集特征数据结构
print('boston 数据集维度: ', boston['data'].shape)
# 输出数据集中的键
print('boston 数据集中的键: \n', boston.keys())
```

运行代码，将得到图 7-16 所示的结果。

```
boston数据集维度: (506, 13)
boston数据集中的键:
 dict_keys(['data', 'target', 'feature_names', 'DESCR', 'filename'])
```

图 7-16　查看 boston 数据集信息

从图 7-16 的输出结果可以看出，boston 数据集总共有 506 个样本，每个样本有 13 个特征变量；每个样本代表了波士顿的一个区域（城镇）。

接着查看数据集的特征信息，输入代码如下：

```
# 查看 boston 数据集特征名称
print('boston 数据集特征名称: \n', boston['feature_names'])
```

运行代码，将得到图 7-17 所示的结果。

```
boston数据集特征名称：
['CRIM' 'ZN' 'INDUS' 'CHAS' 'NOX' 'RM' 'AGE' 'DIS' 'RAD' 'TAX' 'PTRATIO'
 'B' 'LSTAT']
```

图 7-17　boston 数据集特征名称

这 13 个特征分别代表的信息如下。

- CRIM：城镇平均犯罪率。
- ZN：住宅用地超过 25000 平方英尺的比例。
- INDUS：城镇非商业用地的比例。
- CHAS：查尔斯河空变量（如果边界是河流，则为 1；否则为 0）。
- NOX：一氧化氮浓度。
- RM：住宅平均房间数。
- AGE：1940 年之前建成的自用房屋比例。
- DIS：到波士顿 5 个中心区域的加权距离。
- RAD：辐射公路的可达指数。
- TAX：每 10000 美元的全值财产税率。
- PTRATIO：城镇师生比例。
- B：1000（Bk-0.63）^2，其中 Bk 指代城镇中黑人的比例。
- LSTAT：人口中地位低下者的比例。

最后查看 boston 数据集目标变量 MEDV 即自住房的平均房价具体数据，输入代码如下：

```
# 查看 boston 数据集目标变量 MEDV：自住房的平均房价
print('查看前 10 个目标变量 MEDV 的值：', boston.target[:10])
```

运行代码，将得到图 7-18 所示的结果。

```
查看前10个目标变量MEDV的值：
 [24.   21.6 34.7 33.4 36.2 28.7 22.9 27.1 16.5 18.9]
```

图 7-18　boston 数据集目标变量值

2．构建线性回归模型

因为该问题属于回归问题，所以我们首先考虑采用线性回归模型。使用 sklearn.linear_model 线性模块提供的 LinearRegression 线性回归模型进行房价的分析预测。首先将导入的 boston 数据集拆分为训练集和测试集，然后建立线性回归模型，最后查看这个线性模型对训练数据集和测试数据集的得分如何。输入代码如下：

```
# 导入数据集拆分工具
from sklearn.model_selection import train_test_split
from sklearn.linear_model import LinearRegression
# 建立训练数据集和测试数据集
X, y = boston.data, boston.target
X_train, X_test, y_train, y_test = train_test_split(X, y, random_state=8)
reg = LinearRegression()          # 建立线性回归模型对象
reg.fit(X_train, y_train)         # 训练模型
# 输出模型评分
```

```
print('线性回归训练集得分: {:.3f}'.format(reg.score(X_train, y_train)))
print('线性回归测试集得分: {:.3f}'.format(reg.score(X_test, y_test)))
```

运行代码，将得到图 7-19 所示的结果。

```
线性回归模型训练集得分: 0.744
线性回归模型测试集得分: 0.719
```

图 7-19　线性回归的模型得分结果

从图 7-19 的输出结果可以看到，线性回归模型在 boston 数据集中的得分并不算高。

3. 使用随机森林进行建模

无论是分类问题还是回归问题，随机森林算法都是应用最广泛的算法之一，而且随机森林算法也不要求对数据进行预处理。由于随机森林生成每棵决策树的方法是随机的，不同的 random_state 参数会导致模型完全不同，因此如果希望建模的结果稳定，就要固定 random_state 这个参数的数值。

接下来，我们使用随机森林回归模型来进行训练，并对模型进行评估。输入代码如下：

```
# 导入数据集拆分工具
from sklearn.model_selection import train_test_split
# 导入随机森林回归器
from sklearn.ensemble import RandomForestRegressor
# 建立训练数据集和测试数据集
X, y = boston.data, boston.target
X_train, X_test, y_train, y_test = train_test_split(X, y, random_state=8)
# 使用随机森林回归模型拟合数据
rf_reg = RandomForestRegressor(n_estimators=20, random_state=32)
rf_reg.fit(X_train, y_train)
# 输出模型评分
print('随机森林训练集得分: {:.3f}'.format(rf_reg.score(X_train, y_train)))
print('随机森林测试集得分: {:.3f}'.format(rf_reg.score(X_test, y_test)))
```

运行代码，将得到图 7-20 所示的结果。

```
随机森林模型训练集得分: 0.982
随机森林模型测试集得分: 0.823
```

图 7-20　随机森林的模型得分结果

从图 7-19 和图 7-20 的输出结果的对比可以看到，随机森林的回归模型在未对数据进行预处理的情况下，模型的拟合效果比线性回归模型的要好得多，在测试集的得分上也有一些提升。

4. 预测房价并绘制对比图

我们将使用随机森林回归模型预测的房价与测试集的真实房价数据进行对比，并绘制折线图。输入代码如下：

```
%matplotlib inline
import matplotlib.pyplot as plt
# 预测测试集结果
y_pred = rf_reg.predict(X_test)
plt.rcParams['font.sans-serif'] = 'SimHei'
plt.rcParams['axes.unicode_minus'] = False
plt.figure(figsize=(10, 6))
plt.plot(range(y_test.shape[0]), y_test,'b-',label='真实值')
```

```
plt.plot(range(y_test.shape[0]), y_pred,'r-.', label='预测值')
plt.title('boston 房价预测图示')
plt.xlabel('测试集样本序列')
plt.ylabel('平均房价（千元）')
plt.legend()
plt.show()
```

运行代码，将得到图 7-21 所示的结果。

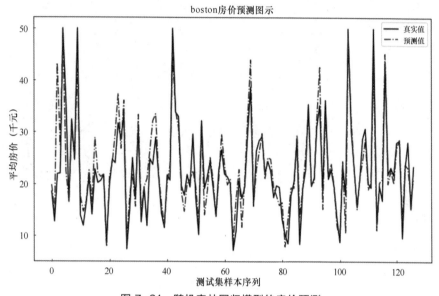

图 7-21　随机森林回归模型的房价预测

从图 7-21 的输出结果可以看到，随机森林模型预测的房价与测试集的真实房价数据大部分差别不大，说明随机森林在回归问题上也能表现得很好。

7.4　项目小结

本项目主要介绍了决策树和随机森林的基本原理和构造，决策树学习通常包括 3 个步骤：特征选择、决策树的生成和决策树的修剪。而随机森林是由多个决策树所构成的一种分类器，更准确地说，随机森林是由多个弱分类器组合形成的强分类器。通过项目实训的方式，我们学习了决策树和随机森林在解决分类问题上的性能对比，同时决策树和随机森林也能构建回归模型。

7.5　习题

1．判断对错。

（1）在决策树模型中，叶子节点越多越好。（　　　　）

（2）在随机森林模型中，随机选择样本和特征可以减小过拟合的风险。（　　　　）

2．决策树的主要算法有（　　　　）、（　　　　）、（　　　　）。

项目8
支持向量机

08

项目背景

　　小张是某高校计算机系的学生，他活泼开朗，爱打篮球。同时，他是寝室的寝室长。寝室里一共住着 4 位同学，大家一起生活非常开心。最近，室友小王由于和女朋友闹矛盾，心情不好，总是时而乐观时而悲观，让人捉摸不透。小张作为寝室长，很想帮助他，但这个问题也很难办，因为小王的情绪不是"线性可分"，于是小张想到了支持向量机（SVM）。

学习目标

知识目标	1. SVM 的概念 2. SVM 的核函数与参数选择
能力目标	1. 能够根据具体应用情景明确问题定义 2. 能够使用 SVM 解决实际问题 3. 能够进行核函数与参数的选择
素质目标	1. 逐步培养分析问题与解决问题的能力 2. 养成规范的编码能力

8.1　项目知识准备

8.1.1　支持向量机（SVM）的概念

　　支持向量机（support vector machine，SVM）本身是一个二分类算法，现在 SVM 也可以应用在多元分类领域中。比如，我们有高兴和生气的情绪，这就是一个二分类问题：我们可以很容易地把人们高兴的情绪划分为一类，把生气的情绪划分为一类。但是我们也知道，生活中很多人的情绪其实是很复杂的，可能高兴和生气毫无规律地换着来。这时两种情绪混杂在一起，我们很难找到一种方式能把高兴、生气的情绪明确分类。遇到这种问题时，可以使用 SVM 来帮助我们解决。

　　SVM 支持线性分类和非线性分类的分类应用，并且能够直接将 SVM 应用于回归问题中。

下面来说明几个概念。

- 线性可分（linearly separable）：在数据样本中，如果可以找出一个超平面，将两组数据分开，那么这个数据样本是线性可分的。
- 线性不可分（linear inseparable）：在数据样本中，没法找出一个能够将两组数据分开的超平面，那么这个数据样本是线性不可分的。
- 分割超平面（separating hyperplane）：将数据样本分割开来的直线或者平面称为分割超平面。
- 间隔（margin）：数据点到分割超平面的距离称为间隔。
- 支持向量（support vector）：离分割超平面最近的那些点称为支持向量。

如图 8-1 所示，直线将红色数据点（图中为深色）和绿色数据点（图中为浅色）完美地分割开了，则称为线性可分。

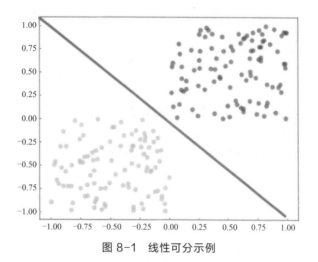

图 8-1　线性可分示例

如图 8-2 所示，我们无法找到一条直线，能将红色数据点（图中为深色）和绿色数据点（图中为浅色）完美地分割开，则称为线性不可分。

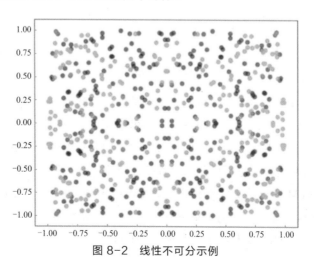

图 8-2　线性不可分示例

如图 8-3 所示，我们可以看到在直线 H 的两侧分别有 H_1 和 H_2 两条直线，那些正好压在 H_1 和 H_2 上的数据点就是支持向量。中间的直线 H（在高维数据中是一个超平面）和所有支持向量之间的距离都是最大的。理论上像直线 H 这样的决策边界有无数种选择，因为我们还能画出很多条不同的能够把圆点数据和正方形数据进行分割的直线，但是哪一种是最好的分类方式呢？SVM 认为靠近决策边界的点（正负样本）与决策边界的距离最大时，才是最好的分类选择，这个距离就是所谓的最大分类间隔。

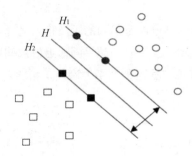

图 8-3　线性可分

8.1.2　支持向量机的核函数与参数选择

思考：如图 8-4 所示，如何将圆点数据和五角星数据进行分割？

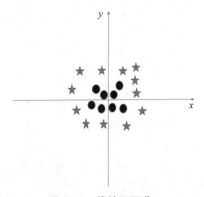

图 8-4　线性不可分

我们很难在二维空间上将圆点数据和五角星数据进行类别的划分，但是如果我们将二维空间变成三维空间就好办了。大家想象一下，如果圆点数据是轻飘飘的，可以浮上来；五角星数据是沉甸甸的，会沉下去，这样我们就可以在浮起的圆点数据和沉下去的五角星数据中间找出一个超平面将两类数据进行分割。这种将二维空间变成三维空间的过程就称为将数据投射至高维空间，SVM 的核函数就具有这个功能。在 SVM 中，最常用的把数据投射到高维空间的方法分别是多项式内核（polynomial kernel）和径向基函数（radial basis function，RBF）内核。而 RBF 内核也被称为高斯内核（gaussian kernel）。

```
import numpy as np
import matplotlib.pyplot as plt
from sklearn import svm
from sklearn.datasets import make_blobs
# 创建 50 个数据点，分为两类
X, y = make_blobs(n_samples=50, centers=2, random_state=6)
# 创建一个线性内核的支持向量机模型
clf = svm.SVC(kernel='linear', C=C)
clf.fit(X, y)
# 把数据点画出来
plt.scatter(X[:, 0], X[:, 1], c=y, s=50, cmap=plt.cm.Paired)
#建立图像坐标
ax = plt.gca()
xlim = ax.get_xlim()
ylim = ax.get_ylim()
nn = np.linspace(xlim[0], xlim[1], 50)
mm = np.linspace(ylim[0], ylim[1], 50)
YY, XX = np.meshgrid(mm,nn)
nm = np.vstack([XX.ravel(), YY.ravel()]).T
K = clf.decision_function(xy).reshape(XX.shape)
# 把分类的决定边界画出来
ax.contour(XX, YY, K, colors='b', levels=[-1, 0, 1], alpha=0.9,
           linestyles=['--', '-', '--'])
ax.scatter(clf.support_vectors_[:, 0], clf.support_vectors_[:, 1], s=100,
           linewidth=1, facecolors='none')
plt.show()
```

运行代码，结果如图 8-5 所示。

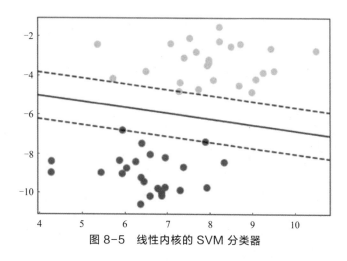

图 8-5　线性内核的 SVM 分类器

　　如图 8-5 所示，在 SVM 分类器两侧分别有两条虚线，压在虚线上面的点就是支持向量，也就是我们找到了一条分割直线（中间的实线）将 50 个数据点分成了两类。当我们把 SVM 的内核换成 RBF 内核时，我们会得到图 8-6 所示的结果。在图 8-6 中，分类器完全变了样子，不再是一条直线，这是因为在 RBF 中计算的是两个点之间的欧几里得距离。

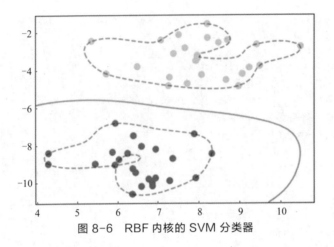

图 8-6　RBF 内核的 SVM 分类器

8.2　项目实训

8.2.1　用 SVM 完成鸢尾花分类任务

下面就以 SVM 为例，研究采用 RBF 内核的 SVC 分类器模型的使用方法。

scikit-learn 中集成了各种各样的数据集，这里引入 iris 数据集。鸢尾花有 3 种类别，分别是山鸢尾（iris-setosa）、变色鸢尾（iris-versicolor）和维吉尼亚鸢尾（iris-virginica）。

该数据集共包含 4 个特征变量和 1 个类别变量，共有 150 个样本，存储了鸢尾花萼片和花瓣的长宽，共 4 个属性和 3 个类别。

```
#导入数据
from sklearn import datasets
iris = datasets.load_iris()
# 数据集拆分
from sklearn.model_selection import train_test_split
# 特征
feature = iris.data
# 分类标签
label = iris.target
X_train, X_test, Y_train, Y_test = train_test_split(feature, label,
                                                    test_size=0.25,
                                                    random_state=62)

#定义模型
from sklearn import svm
svm_classifier = svm.SVC(C=1.0, kernel='rbf', decision_function_shape='ovr',
                         gamma='auto')
svm_classifier.fit(X_train, Y_train)
print("训练集:", svm_classifier.score(X_train, Y_train))
print("测试集:", svm_classifier.score(X_test, Y_test))
```

运行代码，结果如图 8-7 所示。

```
训练集: 0.9910714285714286
测试集: 0.9473684210526315
```

图 8-7 iris 数据集上的模型得分结果

从图 8-7 的输出结果可以看到，SVM 中采用 RBF 的 SVC 分类器可以对鸢尾花进行较好的分类，测试集的准确率达到了约 94.7%。

8.2.2 SVM 算法实战

本任务的目标是：使用 scikit-learn 内置的 breast_cancer 数据集，用 SVC 分类器进行分类，并尝试调整模型的参数。数据集中的 569 个样本被归入 2 个类别，分别是 WDBC-Malignant（恶性的）和 WDBC-Benign（良性的）。其中，WDBC-Malignant 中包含 212 个样本，WDBC-Benign 中包含 357 个样本。

1. 导入数据集

先从 scikit-learn 中导入数据集。

```
#导入 breast_cancer 模块
from sklearn.datasets import load_breast_cancer
#从 sklearn 的 datasets 模块载入数据集
cancer = load_breast_cancer()
#输出 breast_cancer 数据集中的键
cancer.keys()
dataset = load_breast_cancer()
```

运行代码，结果如图 8-8 所示。

```
dict_keys(['data', 'target', 'target_names', 'DESCR', 'feature_names', 'filename'])
```

图 8-8 breast_cancer 数据集的结构

2. 数据集拆分

将数据集拆分为训练集和测试集。

```
#导入数据集拆分工具
from sklearn.model_selection import train_test_split
X_train, X_test, Y_train, Y_test = train_test_split(cancer.data, cancer.target,
                                                    stratify=cancer.target,
                                                    random_state=66)
```

3. 训练分类模型

训练 SVC 分类模型。

```
from sklearn.preprocessing import StandardScaler
# 标准化数据
nn = StandardScaler()
X_train = nn.fit_transform(X_train)
```

135

```
X_test = nn.transform(X_test)

from sklearn import svm
svm_classifier = svm.SVC(C=1.0, kernel='rbf', decision_function_shape='ovr',
                         gamma='auto')
svm_classifier.fit(X_train, Y_train)
print("训练集:", svm_classifier.score(X_train, Y_train))
print("测试集:", svm_classifier.score(X_test, Y_test))
```

运行代码，结果如图 8-9 所示。

```
训练集: 0.9859154929577465
测试集: 0.972027972027972
```

图 8-9　breast_cancer 数据集上的模型得分结果

在采用 RBF 的 SVC 中起决定性作用的主要是正则化参数 C 和参数 gamma。gamma 值越小，RBF 的直径越大，这样会有更多的点进入决策边界，这时模型越简单；gamma 值越大，模型就越复杂。所以 gamma 值越小，模型越倾向于欠拟合；而 gamma 值越大，模型越倾向于过拟合。本例中，我们把 gamma 值设置为自动调整，在测试集上的准确率为 97.2%。

8.3　项目拓展——波士顿房价分析

前面介绍了 SVM 在分类问题中的应用，下面通过一个实例来分析 SVM 在回归问题中的应用。使用 scikit-learn 内置的 boston 数据集，介绍 SVM 用于回归问题的 SVR 方法。该数据集涵盖了美国马萨诸塞州波士顿市的 506 条区域（城镇）样本数据，每条数据包含城镇平均犯罪率、一氧化氮浓度、住宅平均房间数、到中心区域的加权距离以及自住房平均房价等。共 404 条训练数据和 102 条测试数据，每条数据有 14 个字段，包含 13 个属性和 1 个房价的平均值。

1. 导入数据集

先从 scikit-learn 中导入数据集。

```
from sklearn.datasets import load_boston
# 导入数据集
boston = load_boston()
print(boston.keys())
data = boston.data
target = boston.target
```

运行代码，结果如图 8-10 所示。

```
dict_keys(['data', 'target', 'feature_names', 'DESCR', 'filename'])
```

图 8-10　boston 房价数据集的结构

2. 数据集拆分

```
from sklearn.model_selection import train_test_split
from sklearn.preprocessing import StandardScaler
```

```
# 数据预处理
X_train,X_test,Y_train,Y_test =
train_test_split(data,target,test_size=0.3)
# 特征进行标准化
Stand_X = StandardScaler()
# 标签也是数值，也需要进行标准化
Stand_Y = StandardScaler()
X_train = Stand_X.fit_transform(X_train)
X_test = Stand_X.transform(X_test)
Y_train = Stand_Y.fit_transform(Y_train.reshape(-1,1))
Y_test = Stand_Y.transform(Y_test.reshape(-1,1))
```

3. 训练回归模型

训练 SVR 回归模型。

```
from sklearn.svm import SVR
# 线性内核函数
clf = LinearSVR(C=1)
clf.fit(X_train,Y_train)
y_pred = clf.predict(X_test)
print("训练集评分: ", clf.score(X_train,Y_train))
print("测试集评分: ", clf.score(X_test,Y_test))
```

运行代码，结果如图 8-11 所示。

```
训练集评分: 0.7293923768137853
测试集评分: 0.5881367897173287
```

图 8-11　linear 内核的 SVR 在 boston 数据集上的模型得分结果

这里特别指出的是，本例我们使用了 linearSVM，它是一种使用了线性内核的 SVM 算法。linearSVM 不支持对核函数进行修改，因为它默认使用线性内核。使用 linear 核函数的模型在测试数据集的得分只有 58.81%。

```
from sklearn.svm import SVR
# 高斯内核函数
clf = SVR(kernel='rbf',C=100,gamma=0.1)
clf.fit(X_train,Y_train)
y_pred = clf.predict(X_test)
print("训练集评分: ", clf.score(X_train,Y_train))
print("测试集评分: ", clf.score(X_test,Y_test))
```

运行代码，结果如图 8-12 所示。

```
训练集评分: 0.9864271228312919
测试集评分: 0.8819173311304794
```

图 8-12　RBF 内核的 SVR 在 boston 数据集上的模型得分结果

本例中，boston 房价的数据集中的各个特征的量级差异比较大，因此为了让 SVM 能够更好地对数据进行拟合，我们对数据集进行了预处理。另外，我们比较了 linear 内核的 SVR 和采用 RBF 内核的 SVR 在测试集上的得分情况，当我们调节 SVR 模型的参数 C 为 100、gamma

137

值为 0.1 时，得到了一个比较不错的结果，采用 RBF 内核的 SVR 模型在测试数据集的得分达到了 88.19%。

8.4　项目小结

本项目主要介绍了支持向量机的基本原理、核函数 RBF 及参数调节。通过 boston 数据集训练了 SVR 模型，并介绍了如何调节模型参数 C 和 gamma 的值，提高采用 RBF 内核的 SVR 模型在测试数据集的准确率。

8.5　习题

1. 判断对错。

（1）SVM 支持线性分类和非线性分类的分类应用。（　　　）

（2）SVM 不能用于回归应用。（　　　）

2. 画图说明什么是"最大边界间隔超平面"。

3. SVM 核函数的功能是什么？

项目9
基于k-means算法的聚类模型

项目背景

假设 iris 数据集里的几百个样本是没有标签的,我们不知道数据是怎样分类的,那么我们怎么对这几百个样本进行聚类呢?我们可以使用 k-means 算法对之进行聚类。

我们在项目 1 中就提到过,根据训练数据是否有标签,机器学习可分为监督学习和无监督学习,监督学习主要用于分类和回归,无监督学习的一个非常重要的用途就是对数据进行聚类。分类是指算法基于已有标签的数据进行学习并对新数据进行分类,而聚类是指在完全没有标签的情况下,算法"猜测"哪些数据应该聚为一类。

学习目标

知识目标	1. 理解 k-means 算法的原理 2. 掌握 k-means 算法的流程 3. 掌握 k 值的确定
能力目标	1. 能够根据具体应用情景明确问题定义 2. 能够调用 k-means 算法解决聚类问题 3. 能够尝试算法参数调优
素质目标	1. 理解 k-means 算法的应用场景 2. 掌握确定 k 值的方法 3. 逐步培养数据处理与分析能力

9.1 项目知识准备

9.1.1 聚类算法

所谓聚类算法是指将一堆没有标签的数据自动划分成几类的方法,属于无监督学习方法。这个方法要保证同一类的数据有相似的特征,如图 9-1 和图 9-2 所示。

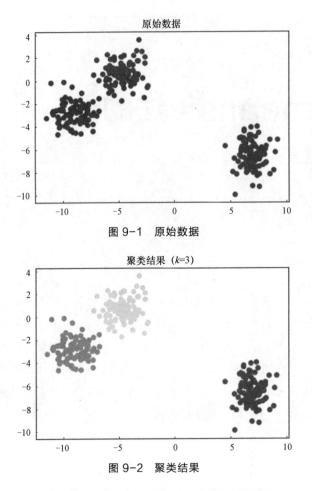

图 9-1　原始数据

图 9-2　聚类结果

根据样本之间的距离或者说是相似性（亲疏性），把较相似、差异较小的样本聚成一类（簇），最后形成多个类（簇），使同一个类（簇）内部的样本相似度高，不同类（簇）之间差异性高。

9.1.2　*k*-means 算法原理

k-means 算法也称为 k 均值聚类算法，由于其简洁和高效，成为所有聚类算法中使用最广泛的一种聚类算法。*k*-means 算法的原理是：给定一个数据点集合和需要的聚类数目 k，k 由用户指定，k 均值聚类算法根据某个距离函数反复把数据分入 k 个聚类中。

下面通过一个简单的例子来说明 *k*-means 算法的过程。现将样本点聚类成 3 个类别，如图 9-3 所示。

先随机选取 k 个点作为初始的聚类中心，然后针对每个数据点，计算每个数据点与各个聚类中心点之间的距离，把每个数据点归为距离它最近的聚类中心点代表的类（簇）。一次迭代结束之后，重新计算每个类（簇）的中心点，然后针对每个点，重新寻找距离自己最近的中心点。如此循环，直到前后两次迭代的类（簇）没有变化。

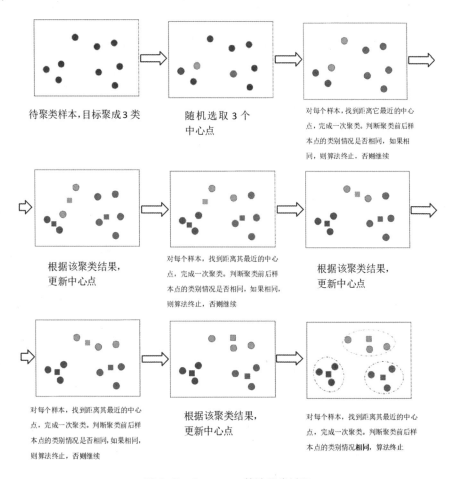

待聚类样本,目标聚成 3 类

随机选取 3 个
中心点

对每个样本,找到距离它最近的中心
点,完成一次聚类。判断聚类前后样
本点的类别情况是否相同,如果相
同,则算法终止,否则继续

根据该聚类结果,
更新中心点

对每个样本,找到距离其最近的中心
点,完成一次聚类。判断聚类前后样
本点的类别情况是否相同,如果相同,
则算法终止,否则继续

根据该聚类结果,
更新中心点

对每个样本,找到距离其最近的中心
点,完成一次聚类。判断聚类前后样
本点的类别情况是否相同,如果相同,
则算法终止,否则继续

根据该聚类结果,
更新中心点

对每个样本,找到距离其最近的中心
点,完成一次聚类。判断聚类前后样
本点的类别情况**相同**,算法终止

图 9-3　*k*-means 算法聚类过程

终止条件可以是以下任何一个。

（1）没有（或最小数目）对象被重新分配给不同的聚类。

（2）没有（或最小数目）聚类中心再发生变化。

（3）误差平方和局部最小。

9.1.3　*k*-means 算法流程

k-means 算法的基本步骤如下。

（1）选定要聚类的类别数目 k，随机选择 k 个中心点（质心）。

（2）针对每个样本点，找到距离其最近的中心点（寻找组织），距离同一中心点最近的点为一个类，这样完成一次聚类。

（3）判断聚类前后的样本点的类别情况是否相同，如果相同，则算法终止，否则进入下一步。

（4）针对每个类别中的样本点，计算这些样本点的中心点，当作该类的新的中心点，继续步骤（2）和步骤（3）。

上述步骤的关键两点是：找到距离自己最近的中心点；更新中心点。

常用的距离度量标准是欧氏距离。

9.1.4 *k*-means 算法参数选择

1. *k* 值如何确定？

k 值即要聚类的类别数目。类别数目的多少主要取决于个人的经验与感觉，通常的做法是多尝试几个 k 值，看聚成几类的结果更好解释、更符合分析目的等。

还可以采用"肘"方法（elbow method）确定 k 值。该方法的原理就是最小化点到聚类中心的距离。"肘"方法的步骤如下。

（1）对于 n 个点的数据集，迭代计算 k 从 1 到 n，每次聚类完成后计算每个点到其所属的簇中心的距离的平方和。

（2）平方和是会逐渐变小的，直到 $k=n$ 时平方和为 0，因为每个点都是它所在的簇中心本身。

（3）在这个平方和变化过程中，会出现一个拐点即"肘"点，下降率突然变缓时即认为是最佳的 k 值。

某数据集在分类数 1 到 7 时，聚类数 k 和簇内距离平方和的对应关系的手肘图如图 9-4 所示。从图 9-4 可以看到，$k=3$ 时，簇内距离平方和的下降率突然变缓，可以考虑选择 $k=3$ 作为聚类数量。

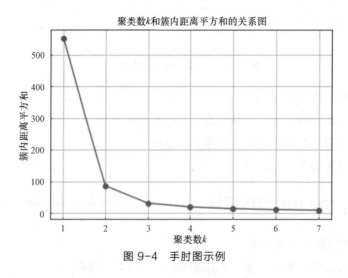

图 9-4　手肘图示例

一般来说，手肘图都会展现出一个类似肘部的图形，簇内距离平方和的下降率突然变缓时即认为是最佳的 k 值。

2. 初始的 *k* 个质心怎么选？

最常用的方法是随机选。初始质心的选取对最终聚类结果有影响，因此算法一定要多执行几次,哪个结果更合理,就用哪个结果。

当然也有一些优化的方法。第一种方法是选择彼此距离最远的点,具体来说就是先选第一个点;然后选离第一个点最远的点当第二个点;再选第三个点,第三个点到第一、第二两点的距离之和最大;以此类推,直到选出 k 个质心。第二种方法是先根据其他聚类算法(如层次聚类)得到聚类结果,再从结果中的每个分类选一个点。

9.2 项目实训

9.2.1 k-means 算法应用及效果展示

任务目标:调用 k-means 算法对生成的数据集进行聚类,对聚类效果进行展示。

1. 生成训练集

使用 scikit-learn 的 make_blobs 函数生成分类数为 1 的数据集,然后调用绘图工具对数据集进行可视化。

```
import matplotlib.pyplot as plt
#导入数据集生成工具
from sklearn.datasets import make_blobs
#生成分类数为 1 的数据集
blobs = make_blobs(random_state=1,centers=1)
X_blobs = blobs[0]
plt.scatter(X_blobs[:,0],X_blobs[:,1],c='r')
plt.show()
```

运行代码,得到图 9-5 所示的数据分布图。

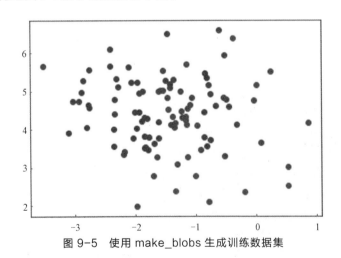

图 9-5　使用 make_blobs 生成训练数据集

2. 用 k-means 算法将这些数据聚为 3 类,并绘制聚类效果

设置 k-means 算法的参数 n_clusters=3,将生成的数据聚为 3 类,并绘出聚类的效果和每个簇的质心。

```
import numpy as np
#导入 k-means 工具
from sklearn.cluster import KMeans
#将数据聚为 3 类
kmeans = KMeans(n_clusters=3)
#拟合数据
kmeans.fit(X_blobs)


#下面是用来画聚类效果图的代码
x_min,x_max=X_blobs[:,0].min() -0.5,X_blobs[:,0].max()+0.5
y_min,y_max=X_blobs[:,1].min() -0.5,X_blobs[:,1].max()+0.5
xx,yy = np.meshgrid(np.arange(x_min,x_max, .02),
                    np.arange(y_min,y_max, .02))
Z=kmeans.predict(np.c_[xx.ravel(),yy.ravel()])
Z=Z.reshape(xx.shape)
plt.figure(1)
plt.clf()
plt.imshow(Z,interpolation='nearest',
           extent = (xx.min(),xx.max(),yy.min(),yy.max()),
           cmap=plt.cm.summer,
           aspect='auto',origin='lower')

plt.plot(X_blobs[:,0],X_blobs[:,1],'r.',markersize=8)
#获取聚类的质心
centroids = kmeans.cluster_centers_
#用黑色叉号表示聚类的质心
plt.scatter(centroids[:,0],centroids[:,1],
            marker='x',s=150,linewidths=3,
            color='black',zorder=10)
plt.xlim(x_min,x_max)
plt.ylim(y_min,y_max)
plt.xticks(())
plt.yticks(())
plt.show()
```

运行代码，得到图 9-6 所示的聚类效果图。

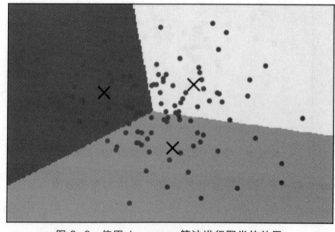

图 9-6   使用 k-means 算法进行聚类的效果

3. 输出 *k*-means 聚类的标签

聚成 3 类后，我们通过 *k*-means 算法的 labels_属性查看数据集中每个数据所属的聚类标签。

```
#输出 k-means 聚类的标签
print('k-means 的聚类标签:\n{}'.format(kmeans.labels_))
```

运行代码，会得到图 9-7 所示的结果。

```
k-means的聚类标签:
[1 1 0 2 2 2 1 1 0 2 1 2 1 0 1 2 2 1 0 0 2 0 1 1 1 1 2 1 1 1 0 0 1 1 2 0 2
 0 1 0 2 1 0 0 2 2 2 1 0 1 0 1 2 0 2 2 0 2 2 1 2 0 2 1 0 2 0 0 0 1 2 2 1 2 2
 2 1 2 1 1 1 0 2 0 2 2 0 1 2 1 0 0 2 1 0 0 2 2 1 2 2 1]
```

图 9-7 用 *k*-means 算法进行聚类的标签属性

从图 9-7 的输出结果可以看出，*k*-means 算法对数据进行的聚类和分类有些类似，用 0、1、2 这样的数字来代表数据的类别，并且存储在 labels_属性中。

9.2.2 *k*-means 算法实现鸢尾花数据的聚类

任务目标：使用 scikit-learn 内置的 iris 数据集，选取数据的后两个特征，即花瓣长度和花瓣宽度作为训练数据，根据绘制的鸢尾花数据分布图尝试对数据进行聚类，并绘制出手肘图，进一步给出 k 值的合理性。

1. 导入 iris 数据集

iris 数据集有 4 个特征，为了在二维平面绘制 iris 数据集的数据分布情况，我们只取其后两个特征花瓣长度（petal length）和花瓣宽度（petal width），并输出数据形状。

```
import matplotlib.pyplot as plt
import numpy as np
#导入 k-means 工具
from sklearn.cluster import KMeans
from sklearn import datasets
#导入 iris 数据集
from sklearn.datasets import load_iris
iris=load_iris()
#我们只取特征空间中的后两个维度
X = iris.data[:, 2:4]
#输出数据的形状
print(X.shape)
```

运行程序，输出图 9-8 所示的结果。

```
(150, 2)
```

图 9-8 iris 数据集的形状

2. 绘制鸢尾花数据分布图

把 petal length 和 petal width 分别作为横、纵坐标，绘制 iris 数据集的散点图。

```
#绘制数据分布图
plt.scatter(X[:, 0], X[:, 1], c = "red", marker='o', label='petal')
plt.xlabel('petal length')
plt.ylabel('petal width')
plt.legend(loc=2)
plt.show()
```

运行代码，输出图 9-9 所示的数据分布图。

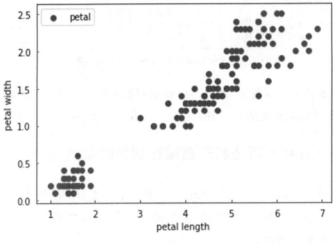

图 9-9　鸢尾花数据分布图

3. 将鸢尾花数据聚为 3 类

根据鸢尾花数据分布图，尝试将数据聚为 3 类，并绘制聚类效果。

```
#构造聚类器，将数据聚为 3 类
kmeans = KMeans(n_clusters=3)
#拟合数据
kmeans.fit(X)
#获取聚类标签
label_pred = kmeans.labels_
#绘制聚类效果图
x0 = X[label_pred == 0]
x1 = X[label_pred == 1]
x2 = X[label_pred == 2]
plt.scatter(x0[:, 0], x0[:, 1], c = "red", marker='o', label='label0')
plt.scatter(x1[:, 0], x1[:, 1], c = "green", marker='*', label='label1')
plt.scatter(x2[:, 0], x2[:, 1], c = "blue", marker='+', label='label2')
plt.xlabel('petal length')
plt.ylabel('petal width')
plt.legend(loc=2)
plt.show()
```

运行代码，输出图 9-10 所示的聚类效果图。

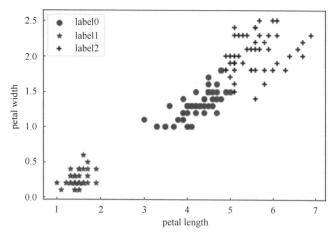

图 9-10　鸢尾花聚类效果

4．绘制鸢尾花数据的手肘图

我们已知鸢尾花的聚类数目为 3，所以上一步在聚类时设置 k=3。很多时候我们不知道数据聚为几类更合适，这时候可以绘制数据的手肘图来确定聚类数目。

```
Inertia=[]   #存储 k 值对应的簇内距离和
for i in range(1,8):     #k 取值 1~8，做 k-means 聚类
    km=KMeans(n_clusters=i)
    km.fit(X)
    Inertia.append(km.inertia_)   #inertia 簇内距离和

plt.xlabel('Number of clusters(k)')
plt.ylabel('inertia')
plt.title('The Elbow Method')
plt.plot(range(1, 8),inertia,'o-')
plt.grid(True)
plt.show()
```

程序运行结果如图 9-11 所示。

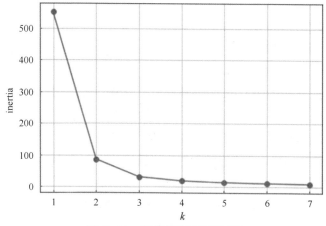

图 9-11　鸢尾花数据的手肘图

观察图 9-11 中各点的曲率可以看到，$k=3$ 之后，簇内距离平方和 inertia 的下降率变得很缓慢了，因此最佳的 k 值为 3。

思考：为什么 $k=3$ 之后，簇内距离平方和的下降率会变得很缓慢？

随着聚类数目 k 的增大，样本划分会更加精细，每个簇的聚合程度会逐渐提高，那么簇内距离平方和自然会逐渐变小。并且，当 k 小于真实聚类数目时，由于 k 增大会大幅增加每个簇的聚合程度，故簇内距离平方和的下降幅度会很大。而当 k 为真实聚类数时，再增加 k 所得到的聚合程度回报会迅速变小，因此簇内距离平方和的下降幅度会骤减，然后随着 k 值的继续增大而趋于平缓，也就是说，簇内距离平方和 k 的关系图呈手肘状，而这个"肘部"对应的 k 值就是数据的真实聚类数。

9.3 项目拓展——航空公司客户价值分析

面对激烈的市场竞争，航空公司通过建立合理的客户价值评估模型，对客户进行划分，分析不同客户群体的客户价值，从而对不同的客户群体制定相应的营销策略，提供个性化的服务。目标：使用航空公司客户数据，结合客户价值分析模型，采用 k-means 算法，对客户进行分群，比较不同类别客户的客户价值。

客户价值识别，应用最广泛的模型采用 3 个指标，即消费时间间隔（recency）、消费频率（frequency）、消费金额（monetary），简称 RFM 模型。它的作用是识别高价值的客户。

但是，航空票价受到飞行距离和舱位等级的影响，相同消费金额的不同旅客对航空公司的价值是不同的，例如一位购买长航线、低等级舱位票的旅客与一位购买短航线、高等级舱位票的旅客相比，可能后者对于航空公司而言价值更高，因此，需要修改指标。选定变量，"舱位因素=舱位所对应的折扣系数的平均值=C"，"距离因素=一定时间内积累的飞行里程=M"，考虑到航空公司的会员系统，用户的入会时间长短能在一定程度上影响客户价值，所以增加指标"入会时间长度=客户关系长度=L"。因此，总共确定了 5 个指标，入会时间长度 L、最近乘机距今的时间间隔 R、飞行次数 F、飞行总里程 M 和平均折扣率 C。以上作为航空公司识别客户价值指标，记为 LRFMC 模型。

LRFMC 模型指标含义如下。

- L：会员入会时间距观测窗口结束的月数。
- R：客户最近一次乘坐航空公司飞机距离观测窗口结束的月数。
- F：客户在观测窗口内乘坐航空公司飞机的次数。
- M：客户在观测窗口内累计的飞行总里程。
- C：客户在观测窗口内乘坐仓位所对应的折扣系数的平均值。

1. 读取并查看数据

利用 pandas.read_csv()方法读取航空公司客户详细信息文件 air_data.csv，该数据集是航空公司整理的教学案例数据集，选取时间段"2012-4-1"至"2014-3-31"作为观测窗口，抽取观测窗口内所有客户的详细数据。

```
import pandas as pd
data = pd.read_csv('air_data.csv',encoding='gb18030')
print(data.shape)
print(data)
```

运行代码，结果如图 9-12 所示。

```
(52529, 44)
       MEMBER_NO   FFP_DATE FIRST_FLIGHT_DATE GENDER  FFP_TIER      WORK_CITY  \
0          54993  2006/11/2        2008/12/24     男         6              .
1          28065  2007/2/19         2007/8/3     男         6            NaN
2          55106   2007/2/1         2007/8/30    男         6              .
3          21189  2008/8/22         2008/8/23    男         5    Los Angeles
4          39546  2009/4/10         2009/4/15    男         6             贵阳
...          ...        ...               ...   ...       ...            ...
52524      16415  2013/1/20         2013/1/20    女         4             北京
52525      18375  2011/5/20          2013/6/5    女         4             广州
52526      36041   2010/3/8         2013/9/14    男         4             佛山
52527      45690  2006/3/30         2006/12/2    女         4             广州
52528      61027   2013/2/6         2013/2/14    女         4             广州

       WORK_PROVINCE WORK_COUNTRY   AGE   LOAD_TIME ...  ADD_Point_SUM  \
0               北京           CN  31.0   2014/3/31 ...          39992
1               北京           CN  42.0   2014/3/31 ...          12000
2               北京           CN  40.0   2014/3/31 ...          15491
3               CA            US  64.0   2014/3/31 ...              0
4               贵州           CN  48.0   2014/3/31 ...          22704
...            ...          ...   ...         ...  ...            ...
52524                        CN  35.0   2014/3/31 ...              0
52525           广东           CN  25.0   2014/3/31 ...          12318
52526           广东           CN  38.0   2014/3/31 ...         106972
52527           广东           CN  43.0   2014/3/31 ...              0
52528           广东           CN  36.0   2014/3/31 ...              0
```

图 9-12 航空公司客户数据

```
#查看前 5 行
data.head()
```

运行代码，结果如图 9-13 所示。

	MEMBER_NO	FFP_DATE	FIRST_FLIGHT_DATE	GENDER	FFP_TIER	WORK_CITY	WORK_PROVINCE	WORK_COUNTRY	AGE	LOAD_TIME	...	ADD_Point_S
0	54993	2006/11/2	2008/12/24	男	6	.	北京	CN	31.0	2014/3/31	...	39
1	28065	2007/2/19	2007/8/3	男	6	NaN	北京	CN	42.0	2014/3/31	...	12
2	55106	2007/2/1	2007/8/30	男	6		北京	CN	40.0	2014/3/31	...	15
3	21189	2008/8/22	2008/8/23	男	5	Los Angeles	CA	US	64.0	2014/3/31	...	
4	39546	2009/4/10	2009/4/15	男	6	贵阳	贵州	CN	48.0	2014/3/31	...	22

5 rows × 44 columns

图 9-13 航空公司客户数据前 5 行

2. 构建 LRFMC 模型

选择与 LRFMC 模型指标相关的 6 个属性：FFP_DATE、LOAD_TIME、FLIGHT_COUNT、avg_discount、SEG_KM_SUM、LAST_TO_END，删除其他不相关或弱相关的属性。

由于原始数据没有直接给出 LRFMC 模型的 5 个指标，需要通过原始数据提取这 5 个特征。

（1）入会时间长度 L=观测窗口的结束时间-入会时间（单位：月），如式（9-1）所示：

$$L = LOAD\_TIME - FFP\_DATE \tag{9-1}$$

（2）最近乘机距今的时间长度 R（单位：月），如式（9-2）所示：

$$R = LAST\_TO\_END \tag{9-2}$$

（3）飞行次数 F（单位：次），如式（9-3）所示：

$$F = FLIGHT\_COUNT \tag{9-3}$$

（4）飞行总里程 M（单位：千米），如式（9-4）所示：

$$M = SEG\_KM\_SUM \tag{9-4}$$

（5）平均折扣率 C（单位：无），如式（9-5）所示：

$$C = avg\_discount \tag{9-5}$$

```
#L 指标,将 data 的'LOAD_TIME'列、'FFP_DATE'列转换为时间格式,取 data 的'LOAD_TIME'
列减去 data 的'FFP_DATE'列,将结果赋值给变量 L
L = pd.to_datetime(data['LOAD_TIME']) - pd.to_datetime(data['FFP_DATE'])
#将 L 转为 str 类型,以逗号分隔,并取出第 0 个元素,赋值给变量 L
L = L.astype('str').str.split().str[0]
#将 L 转为 int 类型,除以 30,得到月份数,并赋值给变量 L
L = L.astype('int')/30
#合并指标,提取'LAST_TO_END'、'FLIGHT_COUNT'、'SEG_KM_SUM'、'avg_discount'四列
与 L 指标,利用 pandas.concat()进行列合并,并赋值给变量 features
features = pd.concat((L, data[['LAST_TO_END', 'FLIGHT_COUNT', 'SEG_KM_SUM',
'avg_discount']]), axis=1)
#将变量 features 的列名重命名为 'L','R','F','M','C'
features.columns = ['L','R','F','M','C']
#输出变量 features
Features
```

运行代码，结果如图 9-14 所示。

	L	R	F	M	C
0	90.200000	1	210	580717	0.961639
1	86.566667	7	140	293678	1.252314
2	87.166667	11	135	283712	1.254676
3	68.233333	97	23	281336	1.090870
4	60.533333	5	152	309928	0.970658
...	...	...	...	...	...
52524	14.500000	437	2	3848	0.000000
52525	34.866667	297	2	1134	0.000000
52526	49.466667	89	4	8016	0.000000
52527	97.433333	29	2	2594	0.000000
52528	13.933333	400	2	3934	0.000000

52529 rows × 5 columns

图 9-14　LRFMC 数据

3．数据标准化

完成 LRFMC 模型 5 个指标的提取后，查看每个特征的数据分布情况。

```
#查看各组数据的最大值、最小值
features.describe()
```

运行代码，结果如图 9-15 所示。

	L	R	F	M	C
count	52529.000000	52529.000000	52529.000000	52529.000000	52529.000000
mean	49.835265	184.031259	13.263416	19119.549715	0.728049
std	28.218882	191.047992	14.836998	22162.391961	0.182073
min	12.166667	1.000000	2.000000	368.000000	0.000000
25%	24.733333	28.000000	4.000000	5644.000000	0.620998
50%	42.600000	110.000000	8.000000	11831.000000	0.716170
75%	72.833333	295.000000	17.000000	24063.000000	0.810741
max	114.566667	731.000000	213.000000	580717.000000	1.500000

图 9-15　各组数据最大值、最小值

由于不同的属性量级差异较大，因此这里对其进行标准化处理。

```
#导入标准化函数 StandardScaler
from sklearn.preprocessing import StandardScaler
scaler = StandardScaler()
#对变量 features 进行标准化处理
features_scaler = scaler.fit_transform(features)
```

4．模型构建

k-means 算法主要就在于 *k* 值的确定上面，到底是将 *k* 值确定为几才能进行更好的分类？因为是无监督学习的聚类分析问题，所以不存在绝对正确的值，需要进行研究试探。这里采用计算 SSE 绘制手肘图的方法，尝试找到最佳的 *k* 值。

```
#模型构建
#导入 k-means 算法
from sklearn.cluster import KMeans
import matplotlib.pyplot as plt
Inertia = []
for k in range(1,9):
    estimator = KMeans(n_clusters=k)
    estimator.fit(features_scaler)
    Inertia.append(estimator.inertia_)#样本到最近的聚类中心的距离平方之和
X = range(1,9)
plt.xlabel('k')
plt.ylabel('inertia')
plt.plot(X,Inertia,'o-')
plt.show()
```

运行代码，结果如图 9-16 所示。

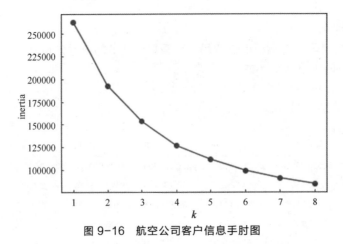

图 9-16 航空公司客户信息手肘图

观察图 9-16 的手肘图可以看到，并没有所谓的"肘"点出现，inertia 值基本上是随 k 值的增大逐渐减小的，在 k=4,5 这段区间变化放缓，这里设 k=5。

```
#构建 k-means 模型，聚类中心数 n_clusters=5
kmodel = KMeans(n_clusters = 5)
#训练模型
kmodel.fit(features_scaler)
```

运行代码，结果如图 9-17 所示。

```
KMeans(algorithm='auto', copy_x=True, init='k-means++', max_iter=300,
       n_clusters=5, n_init=10, n_jobs=None, precompute_distances='auto',
       random_state=None, tol=0.0001, verbose=0)
```

图 9-17 k-means 模型各参数

```
#查看样本的类别标签
kmodel.labels_
```

运行代码，结果如图 9-18 所示。

```
array([2, 2, 2, ···, 3, 1, 0])
```

图 9-18 样本的类别标签

```
import numpy as np
#统计各个类别的数目
r1 = pd.Series(kmodel.labels_).value_counts()
#找出聚类中心
r2 = pd.DataFrame(kmodel.cluster_centers_)
# 所有簇中心点坐标值中最大值和最小值
max = r2.values.max()
min = r2.values.min()
#横向连接，得到聚类中心对应的类别下的数目
r = pd.concat([r2, r1], axis = 1)
r
```

运行代码，结果如图 9-19 所示。

	0	1	2	3	4	0
0	-0.327779	1.553447	-0.631139	-0.590267	-0.185095	11907
1	1.180098	-0.410358	-0.029220	-0.044448	-0.145322	12832
2	0.497980	-0.830399	2.453145	2.389427	0.275142	4565
3	-0.682330	-0.458751	-0.140031	-0.141800	-0.205510	20467
4	0.163749	-0.021983	-0.156388	-0.143623	2.526914	2758

图 9-19　各个类别的数目

5．绘制雷达图

针对聚类结果，绘制雷达图进行特征分析。

```python
# 绘制雷达图
# 中文和负号的正常显示
plt.rcParams['font.sans-serif'] = 'SimHei'
plt.rcParams['font.size'] = 12.0
plt.rcParams['axes.unicode_minus'] = False
fig=plt.figure(figsize=(10, 8))

ax = fig.add_subplot(111, polar=True)
center_num = r.values
feature = ["L入会时间长度", "R最近乘机距今的时间长度", "M飞行总里程", "F飞行次数",
          "C平均折扣率"]
N =len(feature)
for i, v in enumerate(center_num):
    # 设置雷达图的角度，用于平分切开一个圆面
    angles=np.linspace(0, 2*np.pi, N, endpoint=False)
    # 为了使雷达图一圈封闭起来，需要下面的步骤
    center = np.concatenate((v[:-1],[v[0]]))
    angles=np.concatenate((angles,[angles[0]]))
    # 绘制折线图
    ax.plot(angles, center, 'o-', linewidth=2, label = "第%d簇人群,
          %d人"% (i+1,v[-1]))
    # 填充颜色
    ax.fill(angles, center, alpha=0.25)
    # 添加每个特征的标签
    ax.set_thetagrids(angles * 180/np.pi, feature, fontsize=15)
    # 设置雷达图的范围
    ax.set_ylim(min-0.1, max+0.1)
    # 添加标题
    plt.title('客户群特征分析图', fontsize=20)
    # 添加网格线
    ax.grid(True)
    # 设置图例
    plt.legend(loc='upper right', bbox_to_anchor=(1.3,1.0),ncol=1,
              fancybox=True,shadow=True)

# 显示图形
plt.show()
```

运行代码，结果如图 9-20 所示。

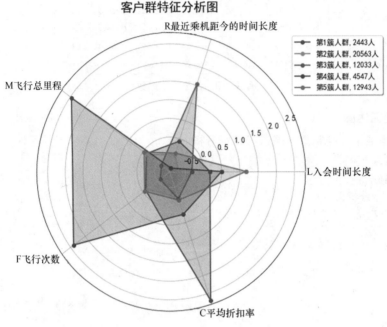

图 9-20　客户群特征分布雷达图

6. 总结分析

基于 LRFMC 模型的具体含义，我们可以对这 5 个客户群体进行价值排名。同时，将这 5 个客户群体重新定义为 5 个等级的客户：重要发展客户、低价值客户、一般发展客户、重要保持客户和重要挽留客户。

（1）第 1 簇人群——重要发展客户。

这类客户的平均折扣率（C）很高，最近乘机距今的时间长度（R）低，但是飞行次数（F）和飞行总里程（M）较低，入会时间长度（L）短，说明他们刚入会不久，所以乘坐飞机次数少，是未来重要发展客户。

（2）第 2 簇人群——低价值客户。

这类客户的最近乘机距今的时间长度（R）较长，飞行次数（F）和飞行总里程（M）低，平均折扣率（C）很低，入会时间长度（L）短，是航空公司的低价值客户。

（3）第 3 簇人群——一般发展客户。

这类客户的最大特点是最近乘机距今的时间长度（R）最大，其他指标表现一般，分析他们可能是"季节型客户"，一年中可能有一段时间需要乘坐飞机进行旅行等，属于一般发展客户。

（4）第 4 簇人群——重要保持客户。

这类客户的飞行次数（F）和飞行总里程（M）都很高，平均折扣率（C）和入会时间长度（L）也不低，说明他们经常乘坐飞机，且有一定经济实力，是航空公司的高价值客户。

（5）第 5 簇人群——重要挽留客户。

这类客户的最大特点就是入会时间长度（L）较长，平均折扣率（C）较低，而且飞行总里程（M）和飞行次数（F）都不高，分析他们可能是流失的客户，航空公司需要再争取一下，尽量让他们"回心转意"。

9.4 项目小结

本项目主要介绍了聚类算法、k-means 算法原理、k-means 算法流程和算法参数选择。通过项目实训的方式学习了 k-means 算法应用、k-means 算法实现鸢尾花数据的聚类，并进一步学习了如何应用 k-means 算法进行航空公司客户价值分析。可使读者理解什么是聚类算法、k-means 算法原理，掌握 k-means 算法流程和算法参数选择，进一步尝试算法参数调优。

人工智能技术可以帮助企业理解数据的价值和使用方法，最终释放数据的潜力。然而，人工智能需要海量的数据，人工智能技术的进步取决于各种来源的数据的可用性，如何确保这些数据的安全性与保证用户数据的隐私性又是一个相生相伴的问题。我们要努力做到最大限度的信息利用和最小限度的信息泄露和滥用，保障个人隐私和信息安全。

9.5 习题

1. 关于聚类，下列说法错误的是（ ）。

    A. 聚类属于无监督算法

    B. 聚类可用于数据预处理中的数据离散化

    C. 聚类的划分原则是样本距离最小化

    D. 聚类是根据数据相似度进行样本分组的方法

2. 下列关于 k-means 算法初始聚类中心说法正确的是（ ）。

    A. 样本中择优选出
    B. 样本中随机选出
    C. 互相距离最近的 k 个点
    D. 互相距离最远的 k 个点

项目10

神经网络

10

项目背景

办公室各部门同事准备一起过元旦，下班去聚会吃大餐。但是财务部的小 A 每天都要把账单上的繁多数据一个一个地录入电脑系统，十分耗时耗力，因此小 A 会经常加班。今天，小 A 又没有完成工作任务，同事们都在等她一个人，小 A 也十分不好意思。信息技术部门的小 D 看到这个情况后，决定帮助一下小 A，所以他决定训练一个神经网络来帮助小 A 高效地完成工作。

学习目标

知识目标	1. 神经网络的起源 2. 神经网络的原理 3. 神经网络的决策过程
能力目标	1. 能够根据具体应用情景明确问题定义 2. 能够使用神经网络解决分类问题 3. 能够尝试设置神经网络参数调优
素质目标	1. 逐步培养分析问题与解决问题的能力 2. 养成规范的编码习惯

10.1 项目知识准备

10.1.1 神经网络的起源

这里我们先介绍下神经元（neuron）。神经元是人脑中相互连接的神经细胞，它有两种工作状态：兴奋状态和抑制状态。阈值是神经元的重要属性，神经元是大脑的基础，而阈值就是这个基础的基础，大脑的所有功能都是由阈值来实现的。如果把神经元比作灯泡，阈值就是这个灯泡的开关。当传入的神经冲动使细胞膜电位升高超过阈值时，神经元进入兴奋状态；反之，当传入的冲动使细胞膜电位下降低于阈值时，神经元进入抑制状态。

神经网络技术起源于 20 世纪 50 年代到 20 世纪 60 年代，经过许多科学家的努力，人脑神经元的这种处理信息模式最终演化为神经元模型，当时叫感知机（perceptron），它是一种多输入、单输出的非线性阈值器件，包含输入层、输出层和一个隐藏层。在一个神经网络中，神经元是构成神经网络的最小单元，如果一个神经元的输出等于 n 个输入的加权和，则网络模型是一个线性输出。在每个神经元加权求和后经过一个激活函数（Activation Function），则引入了非线性因素，这样神经网络可以应用到任意非线性模型中。图 10-1 展示了加入偏置项和激活函数后的神经元结构。

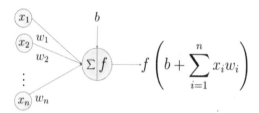

图 10-1　典型的神经元结构

偏置项和激活函数的选取对神经网络的性能有很大的影响，在后面会对它们进行重点介绍。另外需强调一点：早期的单层感知机对稍微复杂一些的函数都无能为力（如异或操作）。这个问题直到 20 世纪 80 年代才被 Hition 等人发明的具有多层隐藏层的感知机解决。

神经网络具有类似人脑的自适应、自学习的能力，总的来说神经网络具有以下特性。

（1）具有极强的非线性映射能力。

（2）具有强大的计算、处理实际问题的能力。

（3）具有较强的样本识别与分类能力。

10.1.2　神经网络的原理

1. 神经网络结构

神经网络中，每一层都有不同的神经元，且每个神经元都会接收来自上一层神经元的信号，并且产生新的输出信号传到下一层神经元中。神经元接收上一层的输入并输出到下一层的方式被称为前向传播，这种神经网络被称为前馈神经网络或多层感知器（multilayer perceptron，MLP）。要实现这种前向传播，则神经网络模型需要有输入层、隐藏层和输出层。图 10-2 为带隐藏层的神经网络模型。

图 10-2 中，神经网络最左边的一层称为输入层，最右边的一层称为输出层，中间所有节点组成的是若干隐藏层，这样的层可帮助神经网络学习数据间的复杂关系。神经网络是由一个输入层、若干个隐藏层和一个输出层组成的，隐藏层的个数可以为 1，也可以大于 1。图 10-2 中的神经网络有 2 个隐藏层。输入层表示输入信号，隐藏层和输出层的每一个节点代表一个神经元，信号输入后，依次通过各隐藏层传到输出层。

若一个神经元有 n 个输入，分别为 $x_1, x_2, \cdots, x_n$，每一个输入上的权重对应为 $w_1, w_2, \cdots, w_n$，

则其输出为：

$$v = w^T x + b \qquad\qquad （10\text{-}1）$$
$$y = f(v) \qquad\qquad （10\text{-}2）$$

其中，w 是 n 维权重向量，b 是偏置项，v 是 n 个输入 $x_1, x_2, \cdots, x_n$ 的加权和，$f(\cdot)$ 是激活函数，y 为一个神经元的输出。

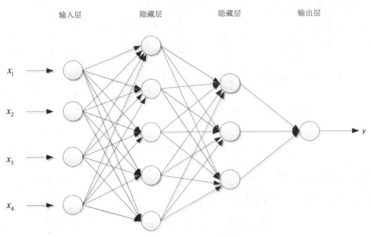

图 10-2　带隐藏层的神经网络模型

2．激活函数

神经网络能解决复杂问题的能力主要取决于网络所采用的激活函数。激活函数决定该神经元接收输入与偏差信号以何种方式输出，输入通过激活函数转换为输出。常用的 3 种激活函数比较如图 10-3 所示。

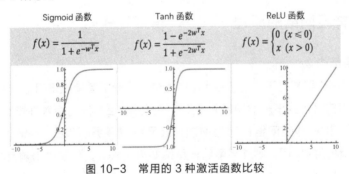

图 10-3　常用的 3 种激活函数比较

从 3 种激活函数的定义可知，Sigmoid 和 Tanh 激活函数在输入接近无穷大时，输出基本不变化，而 ReLU 激活函数不一样，在 x 为负值时，其输出一直为 0；在 x 为正值时，输出即输入。将这种特性结合，ReLU 激活函数的稀疏性可以较好地进行数据拟合。

10.1.3　神经网络的决策过程

下面举一个例子来说明神经网络的决策过程。假设小芳正在考虑要不要去看一场演唱会。

思考：（1）影响小芳是否去看演唱会的重要决策因素有哪些呢？

（2）这些决策因素中哪些可以起决定性作用呢？

1. 看演唱会的决策因素

日常生活中，影响小芳是否去看演唱会的重要决策因素有 3 个，分别是：今天的工作能否按时完成，不需要额外加班；自己的男朋友是否一起去；该演唱会的口碑是否很好。

上面 3 个因素就是外部信息输入，最后的决定就是单个神经元模型（感知器）的输出。令 x_1 为工作是否按时完成，x_2 为男朋友是否一起去，x_3 为演唱会的口碑是否很好。如果这 3 个因素都是肯定的，其输出用 1 表示，即工作能按时完成、男朋友一起去、演唱会口碑很好的情况下，小芳就会去看演唱会；如果 3 个因素都是否定的，其输出用 0 表示，即工作不能按时完成、男朋友不一起去，演唱会口碑不好的情况下，小芳就不去看演唱会。这就是一个多重信息输入下的神经网络决策过程。

2．权重设置

但是，上面的决策只考虑了 3 种情况同时满足或者同时不满足的情形，这显然不符合实际需求。实际生活中，我们需要给这些因素指定权重（weight），以代表不同因素的重要性，然后根据权重做出相关的输出。

假设 x_1 的权重 w_1=0.5，x_2 的权重 w_2=0.2，x_3 的权重 w_3=0.3。那么今天的工作不能按时完成（x_1=0）、男朋友一起去（x_2=1）以及该演唱会的口碑很好（x_3=1）这种情形下，各因素乘以权重得到的综合结果就是 0.5×0+0.2×1+0.3×1=0.5。

假设 x_1 的权重 w_1=0.3，x_2 的权重 w_2=0.2，x_3 的权重 w_3=0.5，这种情形下各因素乘以权重得到的综合结果就是 0.3×0+0.2×1+0.5×1=0.7。

这时还需要指定一个阈值，如果总和大于阈值，感知器输出 1，否则输出 0。假设阈值设为 0.6，那么 0.7>0.6，小芳决定去看演唱会；而 0.5<0.6，小芳决定不去看演唱会。

此外，还可以加入一个偏置项 b，例如，b 代表小芳和男朋友的亲密程度，越亲密则 b 越大，也会增加综合结果的值。那么基于小芳考虑的 3 个因素、权重和偏置项就可以得到小芳在该事件的激活函数 $f(\sum_{i=1}^{n} w_i x_i + b)$，由激活函数到最终的输出，有一个阈值的决策函数。整个决策过程就是神经网络解决问题的一个简单例子。

10.2 项目实训

10.2.1 神经网络完成鸢尾花分类任务

下面以 MLP 分类器为例，研究 MLP 分类模型的使用方法。

1. 导入数据集

在 scikit-learn 机器学习包中引入 iris 数据集，该数据集在 8.2.1 节中已经介绍过，这里不再重复。

```
import pandas as pd
import matplotlib.pyplot as plt
from sklearn.model_selection import train_test_split
from sklearn.neural_network import MLPClassifier
import numpy as np
from sklearn.preprocessing import StandardScaler
from sklearn.datasets import load_iris
#iris 数据集
dataset = load_iris()
data = pd.DataFrame(dataset.data, columns=dataset.feature_names)
data['class'] = dataset.target
#这里只取两类
data = data[data['class']!=2]
#这里取两个属性为例
scaler = StandardScaler()
X = data[['sepal length (cm)','sepal width (cm)']]
scaler.fit(X)
#标准化数据集
X = scaler.transform(X)
Y = data[['class']]
#将数据集拆分为训练集和测试集
X_train, X_test, Y_train, Y_test =train_test_split(X, Y)
```

2. 定义分类器

定义 MLP 分类器。

```
#MLP 分类器
mpl = MLPClassifier(solver='lbfgs',activation='relu')
mpl.fit(X_train, Y_train)
#显示分类的正确率
print ('score:\n',mpl.score(X_test, Y_test))


h = 0.02
x_min, x_max = X[:,0].min() - 1, X[:,0].max() + 1
y_min, y_max = X[:,1].min() - 1, X[:,1].max() + 1
nn, mm = np.meshgrid(np.arange(x_min, x_max, h), np.arange(y_min, y_max, h))
Z = mpl.predict(np.c_[nn.ravel(), mm.ravel()])
Z = Z.reshape(nn.shape)
plt.contourf(nn, mm, Z, cmap=plt.cm.Paired)
```

3. 显示分类结果

最后通过散点图来显示分类效果。

```
#下面的代码用于画图
class1_x = X[Y['class']==0,0]
class1_y = X[Y['class']==0,1]
l1 =
```

```
plt.scatter(class1_x,class1_y,color='y',label=dataset.target_names[0])
class2_x = X[Y['class']==1,0]
class2_y = X[Y['class']==1,1]
l2 =
plt.scatter(class2_x,class2_y,color='r',label=dataset.target_names[1])

plt.legend(handles = [l1, l2], loc = 'best')
plt.grid(True)
plt.show()
```

运行代码，结果如图 10-4 所示。

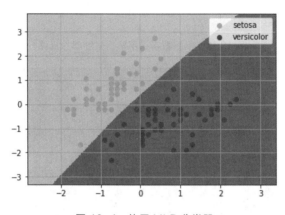

图 10-4　使用 MLP 分类器

从图 10-3 的输出结果可以看到，MLP 算法中的 MLP 分类器可以将两类鸢尾花较好分类，activation 是将隐藏单元非线性化的方法，一共有 4 种："identity""logistic""tanh""relu"。当我们选择"tanh"时，模型的得分为 0.96；当我们选择"relu"时，模型的得分为 1.0。

10.2.2　神经网络实例——手写识别

MNIST 是机器学习领域中非常经典的一个数据集，由 60000 个训练样本和 10000 个测试样本组成，每个样本都是一张 28×28 像素的灰度手写数字图片。

1．数据集探索

本例使用 MLP 分类器来识别手写数字（0-9）。首先加载数据集，与前面的示例不同，本例的数据文件是 MATLAB 的本体格式，把它加载在 Python 中需要使用 SciPy utility。

```
#导入数据集
from scipy.io import loadmat
data = loadmat('F:/10_digital.mat')
data
```

运行代码，结果如图 10-5 所示。

图像在矩阵 X 中被表现为 400 维的向量，类标签在向量 y 中表示图像中数字的数字类。图 10-6 给出了一些手写数字的例子。

```
{'__header__': b'MATLAB 5.0 MAT-file, Platform: GLNXA64, Created on: Sun Oct 16 13:09:09 2011',
 '__version__': '1.0',
 '__globals__': [],
 'X': array([[0., 0., 0., ..., 0., 0., 0.],
        [0., 0., 0., ..., 0., 0., 0.],
        [0., 0., 0., ..., 0., 0., 0.],
        ...,
        [0., 0., 0., ..., 0., 0., 0.],
        [0., 0., 0., ..., 0., 0., 0.],
        [0., 0., 0., ..., 0., 0., 0.]]),
 'y': array([[10],
        [10],
        [10],
        ...,
        [ 9],
        [ 9],
        [ 9]], dtype=uint8)}
```

图 10-5　手写数字识别数据集的部分描述

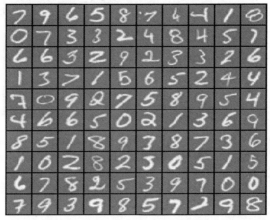

图 10-6　0-9 手写数字

2. 数据预处理

下面对数据进行预处理。

```
#处理数据
from sklearn.preprocessing import StandardScaler
# 把 X、y 转化为数组形式，以便于计算
X = data['X']
Y = data['y']
#X、Y 的形状
X.shape, Y.shape
# 标准化转换
scaler = StandardScaler()
# 训练标准化对象
scaler.fit(X)
# 转换数据集
X = scaler.transform(X)
```

3. 用 MLP 拟合训练数据集

定义 MLP 分类器。

```
#模型训练
from sklearn.model_selection import train_test_split
from sklearn.neural_network import MLPClassifier
from sklearn.utils import check_random_state
#以 25%的数据构建测试样本，剩余作为训练样本
X_train,X_test,Y_train,Y_test=train_test_split(X,Y,test_size=0.25,
                                               random_state =2)
X_train.shape,X_test.shape,Y_train.shape,Y_test.shape
mlp = MLPClassifier(solver='lbfgs',hidden_layer_sizes=[200,100],
                    activation='relu', alpha = 1,random_state=62)
mlp.fit(X_train,Y_train)
print("==============================\n")
print('测试数据集得分: {:.2f}%'.format(mlp.score(X_test,Y_test)*100))
print("==============================\n")
```

运行代码，得到图 10-7 所示的结果。

```
==============================
测试数据集得分：94.40%
==============================
```

图 10-7　在测试集中的模型得分结果

本例中，我们将 activation 设置为"relu"，同时添加 hidden_layer_sizes 参数，将 hidden_layer_sizes 定义为[100,100]，表示模型中有两个隐藏层，每层有 100 个节点。另外，添加 alpha 参数，这是一个 L2 惩罚项，用来控制正则化的程度，让模型更加简单，默认的数值是 0.0001，本例中我们取 1。此时 MLP 模型在测试数据集上可以达到 94.40%的识别率。

10.3　项目拓展——良恶性肿瘤预测

本任务的目标是：用 MLP 算法进行分类，并尝试调整模型的参数。breast_cancer 数据集中的 569 个样本被归入 2 个类别，分别是 WDBC-Malignant（恶性的）和 WDBC-Benign（良性的），其中 Malignant 中包含 212 个样本，Benign 中包含 357 个样本。

1. 数据集探索

使用 scikit-learn 内置的 breast_cancer 数据集。

```
#导入 breast_cancer 数据集
from sklearn.datasets import load_breast_cancer
#从 sklearn 的 datasets 模块载入数据集
cancer = load_breast_cancer()
```

2. 数据集拆分

将数据集拆分为训练集和测试集。

```
#导入数据集拆分工具
from sklearn.model_selection import train_test_split
X_train, X_test, Y_train, Y_test = train_test_split(cancer.data,
        cancer.target, stratify=cancer.target, random_state=66)
```

163

3．用 MLP 拟合训练数据集

定义 MLP 分类器。

```
# 标准化数据
from sklearn.preprocessing import StandardScaler
nn = StandardScaler()
X_train = nn.fit_transform(X_train)
X_test = nn.transform(X_test)

from sklearn.neural_network import MLPClassifier
mlp=MLPClassifier(solver='lbfgs',hidden_layer_sizes=[10,10],
                  activation='tanh',alpha=1)
mlp.fit(X_train,Y_train)
print("===============================\n")
print('测试数据集得分: {:.2f}%'.format(mlp.score(X_test,Y_test)*100))
print("===============================\n")
```

运行代码，结果如图 10-8 所示。

```
===============================

测试数据集得分: 97.20%
===============================
```

图 10-8　在测试集中的模型得分结果

本例中，我们将 activation 设置为 "tanh"，同时添加 hidden_layer_sizes 参数，将 hidden_layer_sizes 定义为[10,10]，表示模型中有两个隐藏层，每层有 10 个节点。另外，添加 alpha 参数，本例中我们取 1。到目前为止，通过调节神经网络隐藏层的层数，调节 activation 和 alpha 参数，此时 MLP 模型的识别率可以达到 97.20%。

10.4　项目小结

本项目主要介绍了人工神经网络算法，它是通过对人类大脑处理信息的过程进行模拟，进而形成具有高度的非线性、能够进行复杂逻辑操作和非线性关系实现的系统。激活函数是一个人工神经网络的核心，它是将输入转化为输出结果的一种传递性质函数。人工神经网络强大的非线性处理能力，使神经网络能够很好地处理非线性样本的数据分类问题。

10.5　习题

1．判断对错。

（1）神经网络模型只有输入层和输出层。（　　　）

（2）一个神经元的输出等于 n 个输入的加权和，则网络模型是一个线性输出。（　　　）

2．神经网络具有哪些特性？

3．常用的激活函数有哪些？

项目11
模型评估与优化

11

项目背景

前面我们已经学习了一些机器学习算法，可以开始使用一些数据集进行模型的训练。但是我们知道，不同的模型有时在性能上差异很大，那么我们应该如何调节模型的参数，让其到达最优呢？本章我们将学习模型评估与优化。

学习目标

知识目标	1. 交叉验证模型评估 2. 模型参数调优 3. 分类模型的可信度评估
能力目标	1. 掌握交叉验证 2. 掌握模型调参方法 3. 能够对模型的可信度进行评估
素质目标	1. 学会使用交叉验证方法对模型进行评估 2. 逐步培养实践动手能力

11.1　项目知识准备

在前面的内容中，在对参数进行训练的时候，我们通常会将整个数据集拆分为训练集和测试集这两个部分。训练的结果对训练集的拟合程度通常较好，但是对测试集数据的拟合程度通常一般。因此我们并不会把所有的数据集都拿来训练，而是留下一部分（这一部分不参加训练）来对训练集生成的参数进行测试，以相对客观地判断这些参数与训练集之外的数据的匹配程度。

我们常用的 scikit-learn 中的 train_test_split，其功能就是将原始数据进行拆分，一部分作为训练集，另一部分作为测试集。首先用训练集对分类器进行训练，再利用测试集来测试训练得到的模型，以此来评估模型的准确度。而交叉验证（cross validation）与之前所学 train_test_split 的不同之处在于，使用交叉验证会反复地拆分数据集，并用来训练多个模型。

常用的交叉验证，例如 10 折交叉验证（10-fold cross validation），如图 11-1 所示，将数据集拆分成 10 份，轮流将其中 9 份作为训练集、1 份作为测试集。10 次结果的均值作为对算法精度的估计。

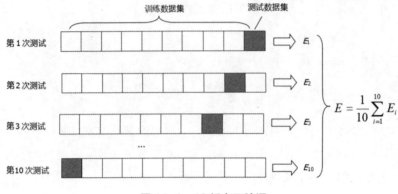

图 11-1　10 折交叉验证

11.2　项目实训

11.2.1　使用交叉验证评估模型

我们使用 scikit-learn 内置的 iris 数据集作为训练数据集，用 SVM 算法进行模型训练，学习交叉验证。iris 数据集可进行多重变量分析，其中包含 150 行数据，可分为 3 类，每类50 行数据。每行数据包括 4 个属性：Sepal Length、Sepal Width、Petal Length 和 Petal Width。我们可通过这 4 个属性预测鸢尾花属于 3 类的哪一类。

1. 导入数据集

下面先导入数据集。

```
from sklearn.datasets import load_iris
import numpy as np
iris = load_iris()
```

2. 构建分类模型

本例选用 SVC 分类器。

```
svc = SVC(kernel='linear')
seed=7
np.random.seed(seed)
```

3. 8 折交叉验证

本例选用 8 折交叉验证，将数据集拆分成 8 份，轮流将其中 7 份作为训练集、1 份作为测试集。8 次结果的均值作为对算法精度的估计。

```
from sklearn.svm import SVC
from sklearn.model_selection import StratifiedKFold
from sklearn.model_selection import cross_val_score

kfold=StratifiedKFold(n_splits=8,shuffle=True,random_state=seed)

score = cross_val_score(svc,iris.data,iris.target,cv=kfold)
print('交叉验证得分: {}'.format(score))
print('交叉验证平均分: {:.3f}'.format(score.mean()))
```

运行代码，结果如图 11-2 所示。

```
交叉验证得分: [1.          1.          0.94736842 1.          0.84210526 1.
 0.94444444 1.          ]
```

图 11-2　在 iris 数据集上 8 折交叉验证的模型得分

通过这个例子，使用 SVC 分类器对 iris 数据集进行分类，使用 scikit-learn 中的 StratifiedKFold() 来执行 8 折交叉验证，即使用 8 个折叠，因此会得到 8 个得分。再使用 scikit-learn 中的函数 cross_val_score() 来评估模型，这里我们一般使用 8 个得分的平均得分来计算模型的得分。

```
print('交叉验证平均分: {:.3f}'.format(score.mean()))
```

运行代码，结果如图 11-3 所示。

```
交叉验证平均分：0.967
```

图 11-3　在 iris 数据集上的模型平均得分

如果我们希望将数据集拆分成 10 个部分来评分，则只需修改 n_splits=10 就可以了。

```
#设置 n_splits 参数为 10
kfold=StratifiedKFold(n_splits=10,shuffle=True,random_state=seed)
score = cross_val_score(svc,iris.data,iris.target,cv=kfold)
print('交叉验证得分: {}'.format(score))
```

运行代码，结果如图 11-4 所示。

```
交叉验证得分: [0.93333333 1.          1.          0.93333333 1.          0.93333333
 1.          1.          0.93333333 1.          ]
```

图 11-4　在 iris 数据集上 10 折交叉验证的模型得分

计算交叉验证平均得分：

```
print('交叉验证平均得分: {:.3f}'.format(score.mean()))
```

运行代码，结果如图 11-5 所示。

```
交叉验证平均得分：0.973
```

图 11-5　在 iris 数据集上的模型平均得分

从图 11-5 的输出结果可以看出，交叉验证给出的模型评价分为 0.973，说明模型的性能还不错。

11.2.2　使用网格搜索算法进行模型调参

1.　网格搜索算法

我们在搭建模型时，如何配置一个最优模型一直是进行项目的重点。很多时候，我们在实验中，会手动地逐个尝试不同的参数对于模型泛化表现的影响。不过在机器学习中，我们还可以通过网格搜索算法自动调优这些配置参数。下面我们来看个例子：

```python
from sklearn.datasets import load_iris
from sklearn.svm import SVC
from sklearn.model_selection import train_test_split
iris = load_iris()
X_train,X_test,y_train,y_test =train_test_split(iris.data,iris.target,
                                                random_state=0)

best_score = 0
for gamma in [0.001,0.01,0.1,1,10]:
    for C in [0.001,0.01,0.1,1,10]:
        svm = SVC(gamma=gamma,C=C)
        svm.fit(X_train,y_train)
        score = svm.score(X_test,y_test)
        if score > best_score:
            best_score = score
            best_params = {'gamma':gamma,'C':C}

print("模型最高分:{:.3f}".format(best_score))
print("最优参数:{}".format(best_params))
```

运行代码，结果如图 11-6 所示。

```
模型最高分:0.974
最优参数:{'gamma': 0.01, 'C': 10}
```

图 11-6　网格搜索算法结果

上面的网格搜索算法例子可以帮我们找到模型的最高分和最优参数。但是原始数据集拆分成训练集和测试集以后，其中测试集也用来测量模型的好坏，这样会导致最终的评分结果比实际效果要好。而且，当我们把 train_test_split 的 random_state 参数从 0 改为 7 后，模型的最高分就降为了 0.921。

```python
from sklearn.datasets import load_iris
from sklearn.svm import SVC
from sklearn.model_selection import train_test_split

iris = load_iris()
X_train,X_test,y_train,y_test =train_test_split(iris.data,iris.target,
                                                random_state=7)
```

```
best_score = 0
for gamma in [0.001,0.01,0.1,1,10]:
    for C in [0.001,0.01,0.1,1,10]:
        svm = SVC(gamma=gamma,C=C)
        svm.fit(X_train,y_train)
        score = svm.score(X_test,y_test)
        if score > best_score:
            best_score = score
            best_params = {'gamma':gamma,'C':C}


print("模型最高分:{:.3f}".format(best_score))

print("最优参数:{}".format(best_params))
```

运行代码，结果如图 11-7 所示。

```
模型最高分:0.921
最优参数:{'gamma': 0.01, 'C': 10}
```

图 11-7　修改参数后的网络搜索算法结果

这说明对 train_test_split 的参数稍微改变一下，模型的最高分就会改变。为了解决这个问题，我们可以使用前面介绍的交叉验证和网格搜索算法相结合的方式来搜索最优参数。

2. 与交叉验证结合的网格搜索算法

交叉验证经常与网格搜索算法进行结合，作为参数评价的一种方法。在 scikit-learn 中，内置了一个 GridSearchCV 类，我们可以直接使用这个类进行参数调优。

```
from sklearn.model_selection import GridSearchCV
from sklearn.datasets import load_iris
from sklearn.svm import SVC
from sklearn.model_selection import train_test_split


iris = load_iris()


#要调整的参数
grid = {"gamma":[0.001,0.01,0.1,1,10],
        "C":[0.001,0.01,0.1,1,10]}


#定义网络搜索算法中使用的模型和参数
grid_search = GridSearchCV(SVC(),grid,cv=5)
X_train,X_test,y_train,y_test =train_test_split(iris.data,iris.target,
                                               random_state=10)


#搜索最优参数
grid_search.fit(X_train,y_train)


#输出结果
print("模型最高分:{:.3f}".format(grid_search.score(X_test,y_test)))

print("最优参数:{}".format(grid_search.best_params_))
```

运行代码，结果如图 11-8 所示。

```
模型最高分:0.974
最优参数:{'C': 10, 'gamma': 0.1}
```

图 11-8　使用 GridSearchCV 得到的模型评分和最优参数

从图 11-8 的输出结果可以看到，使用 GridSearchCV 同样可以找到模型的最高分及最优参数。这里的最高分是指在测试集上的最高分。在 GridSearchCV 中，best_score_属性会存储模型在交叉验证中所得的最高分。下面以 KNN 算法为例，通过 GridSearchCV 搜索最优参数。

```python
from sklearn.datasets import load_iris
from  sklearn.model_selection import train_test_split
from sklearn.neighbors import KNeighborsClassifier
from sklearn.model_selection import GridSearchCV
def knn():
    iris = load_iris()

    X_train,X_test,y_train,y_test =train_test_split(iris.data,iris.target,
                                                    random_state=6)

    k = KNeighborsClassifier()
    param = {"n_neighbors" : [3,5,7,9]}

    grid_search = GridSearchCV(k,param_grid=param,cv=7)
    grid_search.fit(X_train,y_train)

    print("在测试集上的最高分: ", grid_search.score(X_test,y_test))
    print("在交叉验证中的最高分: ", grid_search.best_score_)
    print("最优参数: ", grid_search.best_params_)

    return None
if __name__ == "__main__":
    knn()
```

运行代码，结果如图 11-9 所示。

```
在测试集上的最高分: 0.9473684210526315
在交叉验证中的最高分: 0.9821428571428571
最优参数： {'n_neighbors': 3}
```

图 11-9　使用 GridSearchCV 得到的模型评分和最优参数

11.2.3　分类模型的可信度评估

在 scikit-learn 中，很多分类模型都有一个 predict_proba 功能，它表示每个样本属于不同分类的可能性是多少。输入如下代码：

```python
from sklearn.datasets import make_blobs
import matplotlib.pyplot as plt
```

```
X, y=make_blobs(n_samples=300, random_state=1,centers=2,cluster_std=5)
plt.scatter(X[:,0],X[:,1],c=y, cmap=plt.cm.cool, edgecolor='b')
plt.show()
```

运行代码，结果如图 11-10 所示。

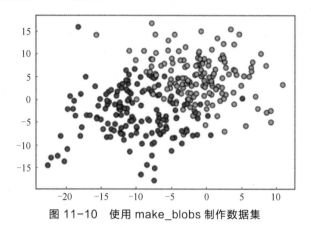

图 11-10　使用 make_blobs 制作数据集

从图 11-10 的输出结果可以看到，两个样本中间有一些重合，在最终的结果中，模型会依据属于某一类可能性比较大的方式来分配分类标签。下面使用 GaussianNB 来进行分类。

```
from sklearn.naive_bayes import GaussianNB
X_train, X_test, y_train, y_test=train_test_split(X,y,random_state=33)
gau_nb = GaussianNB()
gau_nb.fit(X_train, y_train)
predic = gau_nb.predict_proba(X_test)
print('预测准确率形态: {}'.format(predict_proba.shape))
```

运行代码，结果如图 11-11 所示。

预测准确率形态：(75, 2)

图 11-11　预测准确率形态

从图 11-11 的输出结果可以看到，predict_proba 属性中存储了 75 个数组，每个数组中有 2 个元素，输出预测准确率前 10 个数据。输入代码如下：

```
print(predict_proba[:10])
```

运行代码，结果如图 11-12 所示。

```
[[0.96104267 0.03895733]
 [0.00713764 0.99286236]
 [0.00981677 0.99018323]
 [0.02688074 0.97311926]
 [0.5774308  0.4225692 ]
 [0.65043577 0.34956423]
 [0.98834166 0.01165834]
 [0.5195538  0.4804462 ]
 [0.00475933 0.99524067]
 [0.9983813  0.0016187 ]]
```

图 11-12　预测准确率前 10 个数据

图 11-12 的输出结果代表的是所有测试集中前 10 个样本的分类准确率。例如，第一个数据点有 96.1% 的概率属于第一个分类，因此，模型会将这个数据点归于第一个分类中。

11.3　项目小结

本项目主要介绍了交叉验证、网格搜索算法和分类模型的可信度评估。这些方法帮助我们对模型进行评估并对参数进行优化。值得注意的是，在实际的大型项目中，数据集可能更加庞大或者不规范，因此针对不同的数据集，选择模型评估和参数优化的方法会不同。

11.4　习题

1. 判断对错。

（1）scikit-learn 中的 train_test_split 就是交叉验证。（　　　）

（2）将数据集拆分成 10 份，轮流将其中 9 份作为训练集、1 份作为测试集，称为 10 折交叉验证。（　　　）

2. 交叉验证的基本思想是什么？